阅读成就思想……

Read to Achieve

从波波玩偶到棉花糖

Schlüsselexperimente
der Entwicklungspsychologie

改变儿童发展心理学的13项经典实验

［德］马库斯·鲍罗斯（Markus Paulus）◎ 著
李普曼◎译

中国人民大学出版社
· 北京 ·

图书在版编目（CIP）数据

从波波玩偶到棉花糖：改变儿童发展心理学的13项经典实验 /（德）马库斯·鲍罗斯（Markus Paulus）著；李普曼译. -- 北京：中国人民大学出版社，2022.3
ISBN 978-7-300-30285-0

Ⅰ．①从… Ⅱ．①马… ②李… Ⅲ．①儿童心理学—心理测验—研究 Ⅳ．①B844.1

中国版本图书馆CIP数据核字(2022)第020793号

从波波玩偶到棉花糖：改变儿童发展心理学的13项经典实验

［德］马库斯·鲍罗斯（Markus Paulus）　著

李普曼　译

Cong Bobo Wanou Dao Mianhuatang： Gaibian Ertong Fazhan Xinlixue de 13 Xiang Jingdian Shiyan

出版发行	中国人民大学出版社		
社　　址	北京中关村大街 31 号	**邮政编码**	100080
电　　话	010-62511242（总编室）		010-62511770（质管部）
	010-82501766（邮购部）		010-62514148（门市部）
	010-62515195（发行公司）		010-62515275（盗版举报）
网　　址	http：//www.crup.com.cn		
经　　销	新华书店		
印　　刷	北京联兴盛业印刷股份有限公司		
规　　格	148mm×210mm　32 开本	**版　次**	2022 年 3 月第 1 版
印　　张	6.5　插页 2	**印　次**	2022 年 3 月第 1 次印刷
字　　数	105 000	**定　价**	65.00 元

　　这是一本很有价值的、发展心理学方面的通俗读物。作者选取了13项非常经典的儿童心理学研究实验，按照统一的解释模式，对这些关键实验进行了简略而又清晰的叙述和评价。这些实验不仅涉及儿童间的合作与冲突关系、儿童的观察与模仿学习，还涉及儿童对父母或成人的依恋情结、儿童的专注力与移情行为、理性活动与善恶判断的起源等问题，几乎涵盖了所有儿童心理最重要的方面。从这个意义上看，鲍罗斯所著的这本书无疑是极佳的入门指南。13项经典实验就如同13副药方，即便不能解决所有的儿童心理问题，也足以让读者获得充分的启示。

　　从卢梭的《爱弥儿》开始，人们越来越关注儿童的心理发展。这种对人类心理的演变过程的研究和分析，被后世定义为发展心理学。从20世纪中叶开始，发展心理学越来越成熟，涌现出大批儿童心理学方向的专家学者，他们设计了各种针对儿童及青少年心理发展活动的实验。这些关键实验能够帮助人们更好地认识自己的起源，对很多看似偶然的行为给出了科学的解释，为人类教育和社会发展提供了重要的理论参考。

　　此外，我要特别感谢张亚捷编辑的信任与支持。如果没有他的邀请，我可能没有机会翻译这本书。我在撰写和修改博士学位论文的间歇翻译了这本书，书中关于儿童意志问题的实验详解也有助于我对康德自由意志论问题的理解。因此，我在翻译这本书时感到特别的快乐。

2021 年夏于德国海德堡

儿童发展心理学是心理学最引人入胜的领域之一，它致力于研究自新生儿开始的基本活动问题，包括：

- 睡眠、营养摄入以及对自身及环境进行小心翼翼地感知；

- 人格的形成；

- 同情并安慰他人；

- 与同龄人建立友谊；

- 能够长时间沉浸在有趣的游戏中；

- 与父母交流，如问"为什么我必须马上清理自己的房间"这样的问题。

为了能让儿童掌握上述能力，并最终长大成人，本书致力于提出以下问题：

- 我们如何解释儿童成长阶段的各种变化？

- 导致这些变化的依据是什么？

作为心理学的分支学科，发展心理学致力于探究人类生命的经历和持续变化的行为。

虽然心理学的主要目标是建立理论和模型，使我们有可能解释、预测和影响人类的经验和行为，但是自该学科从哲学分离出来后，就以经验为原则进行学科体系的构建，实证研究也因此进入了科学研究的核心领域。

个体研究之所以值得更深入的探索，是因为存在以下理由。

第一，相比无系统的日常观察，系统的观察或记录能够帮助我们更清楚地了解人类经验和行为的某些方面。在日常生活中，我们大多囿于现实，必须解决某个具体的问题，我们很少像穆扎弗·谢里夫（Muzafer Sherif）那样在他著名的夏令营研究中系统地对群体间冲突的发生这一确定现象进行研究（参见第 1 章）。

第二，实证研究是心理学理论的主要试金石。一个理论在预测研究结果时越准确，越能得到更好的发展。因此，实证研究能够帮助我们区分理论内涵的丰富与贫乏。尽管一个理论假设如果与实证研究得出的结果明显相悖，会陷入困境，但这是很有必要的。例如，让·皮亚杰（Jean Piaget）的儿童心理发展阶段理论就被勒妮·巴亚尔容（Renée Baillargeon）运用在关于婴儿期客体恒存性的研究工作中（参见第 5 章）。

第三，一些研究通过特别有创造性的设计或经验性范例为指向，在一定程度上成了标准。它们建立了一个许多研究人员都会使用的范式，并被证明是整个领域发展的基础。沃尔特·米歇尔（Walter Mischel）的棉花糖实验（参见第 7 章）就是一个很好的例子。

第四，实证研究最被人们低估的方面恰巧也是它最吸引人的地方，即可以对理论进行实践。例如，在卡罗琳·扎恩－沃克斯勒（Carolyn Zahn-Waxler）等人的范式中（参见第 8 章）可以看到，即使是年幼的孩子，当他们察觉到某人在实施伤害时，也能够表达同情。他们无法回避这些问题，却能普遍产生同理心和同情心。或者当人们能够观察到婴儿会自主模仿同样奇怪的行为，如用额头打开台灯（参见第 11 章），就会产生诸如"为什么婴儿会自己模仿这些看似毫无意义的行为""这种模仿能力是如何形成的"的疑问。从这个意义上说，个体研究及其研究成果拓展了发展心理学的研究路径，因为它们总能提出令人着迷的问题。

所以说，有些研究特别有影响力，因为它们显著地影响了我们对经验和行为的思考，也影响了许多其他研究人员的工作。这些实验将被我们作为核心实验——再现出来，本书的主旨就是对这些研究进行整理和描述。

本书所选取的 13 项实证研究都曾对发展心理学的研究产生了深远的影响，或者也可以说，它们是引发当下热议的现代性经典研究。读者在面对发展心理学厚重的发展史时，最大的困难在于只能选择通过少量的研究来揣测其脉络。因此，本书在选择性记录这些实证研究时，遵循了"兼顾过往和时下最新的研究"这一写作思路。同时，我的目标是涵盖人类发展的不同方面。这些研究关注不同的功能领域，从认知的发展到语言的发展，再到社交和情感的发展。最后，这种选择也有一定的主观性。因此，尽管我并不乐意，但一些令人激动的研究结果还是未能被本书收录其中。

本书各章主要由三个部分组成。第一部分是对研究背景和研究起点的描述；第二部分，明确为什么要提出这个特定的研究问题，以及是什么样的思考激发了这项研究，接着对研究本身进行描述；第三部分，对研究的意义进行了评价，并对其现实价值予以肯定。

总之，我希望每一章的内容能够深入地阐述发展心理学的相关主题，以及这些主题成为心理学最吸引人的领域的原因。书中还列出了很多的参考文献，这将有助于对相关主题感兴趣的读者做进一步的研究。最后，我要对众多的支持者表示由衷的感谢。

目 录

其实，婴儿并不是纯粹地以自我为中心的存在，他们从两岁起就能够参与他人的感受，并与他人共情。

实验证明，婴儿比我们想象的更具学习能力，他们能通过经验习得知识。

实验证明，人类在婴儿期就能够清楚地区分行为的目的性和无生命物体的运动。

孩子生下来就会模仿，模仿是从他人的行为中学习的一种非常重要的方式。

人之初，是性本善还是性本恶？婴儿会偏爱"好人"还是"坏人"？实验证明，区分"帮助者"和"阻碍者"的能力对孩子今后步入社会与他人友好交往非常重要。

这项研究表明，父母与孩子在幼儿期的前言语交流是不可或缺的。

*S*chlüsselexperimente der
*S*Entwicklungspsychologie

第 1 章

儿童间的敌意：
罗伯斯山洞实验

心理学家小传

穆扎弗·谢里夫，1906 年出生于土耳其，1926 年起先后在伊斯坦布尔大学和哈佛大学学习，1935 年在纽约哥伦比亚大学获得博士学位。直到 1972 年，他都是美国费城大学的教授。谢里夫于 1988 年去世。

谢里夫的罗伯斯山洞实验：群体冲突的产生与克服

每个独立的团体是如何构成的？我们如何解释不同群体之间产生的敌意？为了克服这些敌意，我们能够做些什么？我们是否能在童年阶段就发现这一敌意的生成过程？

谢里夫等人在其著名的 11～12 岁男孩夏令营实验（又称罗伯斯山洞实验）中探究了这一问题。研究的初始阶段，这些男孩被分成两组，彼此没有接触。经过一个阶段的团体活动后，两组作为团队逐渐在竞争的氛围中汇合在一起。这一过程显示出，尽管个别男孩事先没有表现出丝毫惹人注目的攻击性行为，但在团队竞争中仍然存在对彼此的敌视和偏见。而当他们发现必须要通过跨团队合作来解决当下问题时，就会逐渐放下敌意，原有的团队矛盾也随之消除。

　　这项研究清楚地表明，童年阶段的孩子的社交小团体之间已经存在引发彼此敌意的可能，但该研究也给出了一个克服群体冲突的方法。

出发点和问题导入

　　谢里夫等人研究的出发点是，社会环境是否对个人经验和行为有影响。在早期的"游动效应"研究中，谢里夫已指出，个体的知觉判断会受到社会的影响。"游动效应"描述了一个现象，即在完全黑暗的环境中，注视一个静止的光点，感知中的光点则会发生"移动"。这说明人们是在主观感知的范畴内进行判断。谢里夫通过团队中的个体在游动效应实验中的表现，来考察人的知觉判断。其结果是令人震惊的：个体的判断在数轮实验后，会逐渐与其他人接近，也就是说，构成了某种形式的内在规范。此外，个人判断的尺度也会在团队实验中受到明显影响。谢里夫的早期研究表明，团队活动的过程能够对团队成员的感知判断产生影响。

　　在该研究的基础上，谢里夫等人转向了另一个问题：在日常生活范畴内，团队是如何构建共同规范的？为此，他们进一步探讨了人与人之间的矛盾是如何产生的？如何诠释敌意和相互攻击的存在基础？相比早期的行为心理学研究（如弗洛伊德的研究）主要聚焦于个体特质，谢里夫的理论已开始关注群体间的矛盾以及随之产生的冲突，并将其作为群体结构的一种结果并得出结论。根据他的现实群体冲突理论，两个群体之间进行竞争（通常是由于资源有限），会导致群体成员对自我群体的偏爱和对竞争群体的贬低。也就是说，不考虑个体的特质（如相容性、自我调节能力、移情），在一定的社会结构中不同群体会产生敌意和攻击性行为。

从发展心理学的角度来看，这些源于社会心理学的思考非常有趣。早在 1932 年，皮亚杰就提出了儿童道德判断发展理论。皮亚杰的研究结果说明，在童年过渡的中期阶段，孩子们表现出了从他律道德判断向自律道德判断的转化。也就是说，更为年幼的孩子遵从的规则是由公认的权威规定的，并且具备一定形式的客观有效性。而年龄相对更大的孩子（10 ~ 12 岁及以上）对规则的理解是在社会互动中形成的，因此这些规则也是可变的。这种对由彼此依存关系产生的规则的进一步理解，被谢里夫等人视作发展心理学的重要先决条件，它促使群体中得以产生新的规则。因此，从发展心理学的视角出发，去研究 10 岁左右的儿童之间的群体冲突和群体间形成的特定规则，是一件格外有趣的事情。

基于对群体冲突和群体规则这两个研究项目的进一步拓展，谢里夫等人随后展开了一项更大规模的研究，即"夏令营实验"。如今它已经成为心理学研究中的经典实验。这个研究要探究的是：

- 社会性群体内的规则是如何形成的；
- 不同群体间的敌意是如何产生的；
- 这种敌意是如何被克服的。

整个野外实验为期三周，在一个童子军营地进行。该营地位于美国俄克拉何马州的罗伯斯山洞州立公园里，这一实验由此被命名为"罗伯斯山洞实验"。整个实验不仅有超出一般实验的持续时长，而且伴随有非常频繁的观察和统计。除却详尽的被试观察报告（由儿童被试的监护人完成），还包括各种统计与测量法（如社会测量法）的运用作为补充。直至今日，这一野外实验仍然为研究童年阶段的群体冲突与规则形成等问题提供了卓越的范本。

实验详解

实验设计

这项研究分为三个阶段。

第一阶段，开展团队建设。在这一阶段中，22 名 11～12 岁的男孩被分成两组（老鹰队和响尾蛇队）。在研究开始时，两组孩子彼此没有接触，而是在各自的小组中进行一系列的活动并解决遇到的问题。例如，为了有休息、睡觉的地方，他们必须一起搭建帐篷；或者为了不挨饿，就要共同准备一顿饭。研究人员非常关注孩子们因自然需求而进行的活动任务（如吃饭），而非外部额外施加的任务。研究人员发现，一旦团队成员能为实现共同的目标形成交互和彼此依赖的关系，就能构成相对稳定的团队内部分工等级，并能进一步促进规则的形成。

第二阶段，引入两个团队之间的冲突。在多日内通过营造各种竞争环境，如开展拔河比赛、棒球比赛等，来刺激两个团队陷入冲突。通过每次给获胜的队加分，以及给总分最高的队颁发奖品，使两个团队在竞赛中围绕有限的资源进行争夺。由于资源有限，只有一个团队能够通过胜利获得足够的资源。研究人员认为，这种竞争的环境还将导致未获胜团队队员产生挫败感。最终，一方面造成了不同团队间的敌对，另一方面也增强了同一团队内部的团结。

第三阶段，尽力化解团队间的紧张关系。谢里夫等人认为，团队间的简单接触，如共同看管物品、一起就餐等（接触假说）是无法起到有效作用的。但是，假设他们之间有更多的密切接触，如去达成一个新的、更有意义的目标，并且必须通过两个团队的共同努力去实现这个目标（共同目标假说），将会改善两个团队之间的关系。为了检验接触假说，研究人员将两个团队在不同的情景下聚合到一起，如让他们共同等待一次集会的入场。为了检验共同目标假说，研究人员设计了一些孩子只能通过共同努力才能解决问题的情境。其中的一个情境是，让公用的供水系统不能正常工作，男孩们必须及时解决这一问题。在另一个情境下，一辆满载着各种食物的货车陷入泥潭，所有男孩只有共同出力才能让货车脱困。

结果与解释

第一阶段表明，数天后，团队内部已经形成相对稳定的等级结构。每个团队都选出了一名领袖。被选为领袖的少年往往具备以下特质：他会非常积极地提出各种团队活动的建议，并且他的倡议和意见最有可能被实施。团队其他成员的意见能否被最大限度地接纳，取决于他们能否得到领袖的支持。同时，每一个团队内部已经建立了各自的规则。这些规则包括明确的态度（例如，老鹰队内部不允许成员说"想家"）和明确的行为规则。对后者来说，所确立的规则包括怎样分配规定的工作或怎样玩规定的游戏等。

第二阶段则凸显出陌生群体之间不断升级的竞争，随之而来的是对其他团队的贬低、咒骂和肢体冲突。例如，老鹰队焚烧了响尾蛇队的营旗。通过对团队的持续观察发现，尽管在某次竞争失利后，输掉的团队出现了内部混乱，更确切地说，出现了内部解散危机，最终还是通过针对陌生群体的统一活动，逐渐增强了团队内部的团结。通过定量分析表明，这些男孩几乎将所有团队内部的成员视为朋友，却极少与另一个团队中的成员成为朋友。此外，他们形成了对另一团队所有成员的负面刻板印象。

第三阶段，研究人员致力于克服两个团队成员间已经产生的敌意。结论显示，两个团队间的一般交流无法带来任何变化。成员仍然严格按照团队区分，并且进一步贬低另一个团队（如咒骂对方）。然而，当两个团队为了解决共同问题而联合在一起时，情况发生了变化。研究人员观察到，男孩子们通过更多的共同协作，逐渐打破了团队边界，开始彼此进行交流。团队间合作越多，彼此的紧张关系越缓和。这些观察结果得到了社会测量学分析的证实。在第三阶段结束时，越来越多的孩子选择与另一个团队的成员成为朋友；与此同时，他们对另一团队的负面刻板印象也急剧减少。研究结果证明了第二个假说，为实现一个共同目标而形成的共同协作，缓解了团队间的紧张关系。

意义与评价

时至今日，谢里夫等人进行的这项研究更加重要了。因为它证明，早在童年阶段的社会竞争环境中，就可能产生群体间的敌对活动。同时它也指明了，可以为实现一个共同目标而协作，来消除彼此间的敌意。这项研究的核心是：敌意和冲突是社会结构和有限的资源造成的，与个体的个人素质没有必然的关联。也就是说，在不涉及任何个体经历（个体的学习经历或个人的情绪和自我调节能力）的情况下，我们仍然可以从社会结构的角度去解释是什么造成了人与人之间的敌意和冲突。

虽然这项研究最初是受社会心理学思考的启发而展开的，但是，随着对问题全面而深入的研究使其逐渐成为当下发展心理学研究的核心。这些问题包括规则的形成、群体间行为的发展和群体间矛盾解决的可能性。

从研究的第一阶段可以发现，在儿童间的互动中，团队内部可能产生一些专断的规则，并通过对共同活动的调节在构建团队凝聚力方面起到了关键性作用。这一发现激发了人们探究规则在幼儿期是如何形成的极大兴趣。本研究表明，儿童最早从 2 ~ 3 岁起开始理解规则所具有的约束力，并要求他人遵守规则。在某些情况下，三岁的儿童即使只看到一个动作，他们也能够得出规则的存在。社会规则在诸多方面的影响都很明显。例如，有研究表明，幼儿有模仿他人不必要的行为的倾向（所谓过度模仿），就是基于这种规范性假设，即行为必须参照某规范进行。进一步的研究表明，幼儿会把一些新词和工具的使用也当作某种规范性原则来理解。当有人不按规则使用时，他们就会对此表示抗议。

当前的发展心理学还关注"在团队建设进程中规则是如何形成与传承的"这一课题。在一项五岁儿童聚在一起"过家家"的研究中，研究人员发现，在短时间内，儿童已经建立了游戏规则，并要求新加入的儿童遵守这些规则。年幼的儿童已经可以判断出谁是规则的制定者。如果这些规则是通过团队制定的，那么处在小学阶段的儿童则相信，这些规则只有通过共同决策才能改变。但是，假如规则是由成年人制定的，那么他们会认为只能由这名成年人去改变。总而言之，这些研究证明了年幼的儿童也可以形成鲜明的遵守规范的态度，并要求他人的行为合乎规则。与此同时，他们也能认识到，规则的形成可以有不同的源起，因此也就能够通过不同的方法予以改变。

此外，发展心理学的研究也越来越关注群体观点的产生问题。研究人员通过对幼儿园阶段孩子的观察发现了群体归属对他们所产生的影响。当五岁的孩子被随机分为两组，不同组只在其穿着的 T 恤的颜色（蓝色或红色）上进行区分（即最小单位），他们在不同的领域都表现出对自我群体的偏好。例如，他们会对与自己 T 恤颜色相同的同伴表现出友爱，会与他们分享更多。新的研究表明，他们对自己的团队比对其他团队更加忠诚（如不当告密者），尽管这会给他们自身带来不利影响。于是，就存在这样的情况：早在幼儿园阶段，儿童就出现了对自己所在群体的偏好；进入小学阶段后，他们则开始对其他群体表现出明显的排他性。当前的研究所关注的是，如何尽早在儿童的群体交往过程中克服这些负面影响，这也是谢里夫等人的研究具有现实意义的地方。

客观上讲，谢里夫等人的这项研究也有其局限性，即它只对男孩进行了研究，因此所得出的结果对女孩子来说并不具有普适性。最近的相关研究也确实发现了性别间的行为差异。例如，2015 年，贝诺齐奥（Benozio）和迪森德鲁克（Diesendruck）在报告中曾指出，在 3～6 岁的儿童中，男孩比女孩更偏爱自身所在的群体，并对另一个群体表示厌恶。研究早期群体间行为的性别差异发展，是当前发展心理学研究的又一个令人兴奋的课题。

◢◣ 影响

　　基于诸多理由，谢里夫等人的这项研究被奉为发展心理学的经典研究。一方面，为期三周的研究设计包括了大量的定性观察和定量测验，为儿童时期群体间关系的形成提供了丰富的见解，这在今天仍然是难以企及的；另一方面，该研究涉及的其他现象（如规则的形成、群体间冲突的发展）仍是目前发展心理学研究的重点。

思考

　　1. 谢里夫等人认为，敌意的根源在于社会关系的结构，而不是个人的性格。这一说法意味着什么？

　　2. 如果想消除团队间的敌意，哪一种做法更有效？

第 2 章

榜样对孩子的影响有多重要：
班杜拉波波玩偶实验

心理学家小传

　　阿尔伯特·班杜拉（Albert Bandura）是心理学史上最具影响力的心理学家之一。1925 年，他出生于加拿大艾伯塔省，先后在不列颠哥伦比亚大学和艾奥瓦大学学习心理学，1952 年在艾奥瓦大学获得博士学位。此后，他一直是斯坦福大学的心理学教授。

班杜拉针对幼儿园阶段的孩子社会学习的研究

　　儿童通过观察习得的能力和模仿能力是建立在哪些认知过程上的？班杜拉在其颇具影响力的研究中，探讨了 3~5 岁的儿童观察他人行为是否会对其在学习和模仿攻击性行为上产生影响。为此，该研究安排了三组儿童，分别让他们观察一名成年人对一个真人大小的塑料玩偶的攻击性行为（如踢打玩偶）。其中一组孩子观察到这名成年人因此行为得到了奖励，另一组孩子看到的则是成年人因此行为受到了惩罚，而第三组孩子没有观察到任何结果。当这些孩子独自与玩偶相处时，与其他两组相比，看到惩罚场景的孩子明显减少了攻击性行为。这说明孩子观察到的行为后果极有可能影响了其模仿行为。这种效应被称为替代强化。

出发点和问题导入

班杜拉进行这一实验时，传统行为主义理论正在美国大行其道。行为主义的核心思想是，行为会受到强化和惩罚（操作性条件反射）的影响。强化是指提高行为发生率的因素，惩罚则是指减少行为发生的手段。行为主义的关注点在于：对于被观察的行为，哪些是触发该行为的刺激源，以及可观察到的行为后果是什么。

在行为主义范式的框架内，人们热衷于通过观察来进行学习。那么，人们应如何通过观察他人的行为获得新的行为模式呢？米勒（Miller）和多拉德（Dollard）在行为主义理论的框架下，提出了一个广受争议的方案。他们假设，模仿本身就是强化学习的结果。如果模仿行为被强化，个体也倾向于系统地对行为进行模仿。因此，模仿在这个模型中就如同其他行为一样，是通过行为学习机制（如强化）来定义的。该模型假设，行为早已存在于观察者的存储库中，因此它的活动能够得到强化。然而，在1961年进行的一项初步研究中，班杜拉等人发现，幼儿也会模仿新奇的攻击性行为。所谓新奇并非幼儿不能做出这些行为（否则他们就不能模仿），而是指他们从未以某种特定的组合或规则完成个体行为。让儿童观察一名成年人用锤子击打和用脚踢踹真人大小的玩偶，他会比对照组更频繁地做出类似的举动。

班杜拉遵循了行为主义的基本思想，以至于他采纳了强化和惩罚可以影响行为的观点，即行为模式发生的概率取决于它们是否被强化和惩罚。于是，一个核心问题被提出：这些行为是否必须亲身经历过？还是说有了足够的观察，同样可以影响行为？表面上看，这个观点与传统的行为主义基本假设是不一致的。另一个问题则是：那些可被感知的强化和惩罚，是否能够切实地影响行为模式的学习？还是说，他们仅仅影响了行为的表现（但不影响实际的学习）？这些问题是班杜拉研究的重点。

实验详解

实验设计

这项研究采用了如下的实验设计。

将年龄在 3 ~ 5 岁的儿童分为三组。在实验的第一阶段，孩子们被告知他们可以看一个短片。所有的孩子都将看到影片中出现一名成年人（榜样人物），他会变着花样攻击一个真人大小的玩偶（波波玩偶），如将玩偶打翻在地、坐在它上面敲击它的鼻子，或者用锤子击打它的头部（如图 2-1 所示）。成年人在做这些行为时都会伴随相应的言语攻击。

图 2-1　波波玩偶实验

　　注：这是从班杜拉的后续研究"通过限制攻击模式的攻击性社会学习"的短片中选取的图片。图片显示了儿童在模仿榜样人物实施攻击行为。在后续研究中，一名女性成年人与原来的实验形成对照（最上面的一组图片）。

　　影片的后半部分根据不同的被试组播放不同的内容。在强化实验组中，那名成年人会得到积极强化，如获得糖果，他的行为也受到了表扬；在惩罚组中，该成年人则会被责骂，甚至被轻微击打；在对照组中，成年人没有得到任何反馈。

随后，孩子们被带入一个房间，里面放置了各种各样的玩具，其中就包括一个波波玩偶和另一些先前孩子在短片中看到的物品。他们被允许自由玩耍 10 分钟。孩子们是否会对波波玩偶实施攻击性的行为？三组被试之间是否存在行为差异？这些问题都是班杜拉特别感兴趣的。

最后，班杜拉想知道，是否所有孩子都学会了他们观察到的那些新行为（即便他们会因害怕被惩罚而没有表现出来）？对此，实验人员让孩子把短片中那名成年人对波波玩偶所做的行为演示出来，并承诺他们可以获得奖励。

结果与解释

从这项研究中得到了以下三个令人振奋的重要发现。

第一个发现涉及在自由活动中对三组被试所进行的比较。观察到采取了攻击性行为会受到惩罚的那组孩子，其所表现出的攻击性行为明显弱于其他两组。强化组与对照组之间则没有多少差异。这说明行为不仅会被自身经历的后果所影响，还会受到他人的可感知的替代性强化和惩罚的影响，特别是惩罚的影响。

第二个发现是，当所有被试组的孩子受到奖励时，他们都能够把所观察到的行为展现出来。即便是观察到惩罚的行为，并且在之后的自由活动中表现出了更弱的攻击性行为的那个实验组的成员，也和其他两组的孩子一样再现了短片中成年人的行为，即所有被试组的孩子都学会了他们所观察到的行为。这表明需要区分新的行为方式的习得和这种行为的实践，即不是所有通过观察习得的行为模式都会在实际中被践行。

第三个发现在此仅简单提及，即女孩普遍表现出了比男孩更少的攻击性行为。这也可以解释为，因为在最初的实验中，出现在短片中成年人是男性，而同性之间的模仿概率更大。也可以得出另一个结论，即攻击性行为更多地表现为男孩的特质，该特质更深地根植于男孩的行为存储库中。

意义与评价

这项研究证明了早在幼儿阶段，人类已经可以通过观察习得新的行为，这是该实验的核心意义所在。当然，有的孩子之所以没有实施他们观察到的所有行为，是因为他们充分考虑了该行为可能对自己产生的后果。比如说，如果实施这一行为则会受到惩罚，他们就不太倾向于模仿。

当相关行为未被表现出来时，并不意味着它没有被孩子们习得。从理论层面上看，通过观察习得某种新的行为模式，与现实中去模仿、实践它存在区别。这一点是班杜拉后续研究的一个重点。通过对知识（指新的行为模式）的获得和实际行为进行区分，班杜拉的思想开始从行为主义向认知主义过渡。换言之，假设一个新的行为模式是可以被习得的，并且在随后的行为中能被灵活地呈现，即可认定一个能被观察到的行为，可以在认知系统中被再现出来。这一假设超越了行为主义的可观察的、以行为为中心的模式。皮亚杰于 1962 年也提出了他的"延迟模仿"概念。在他看来，"延迟模仿"意味着儿童表征能力的开始，并且从两岁开始出现。

　　班杜拉在其研究结果的基础上，提出了一个社会学习模型（如图 2–2 所示）。根据这个模型，一个行为必须先被注意到。它还表明，孩子对榜样的关注程度是不一样的。在很大程度上，孩子的这种关注与一定的社会关系和榜样的社会地位相关。接下来，这些被观察到的行为会被孩子存储到记忆中保持下来。在后面的阶段，这些行为还能在孩子的行为中再现。与此同时，不同的强化和激励过程将影响这些行为被孩子呈现的概率。

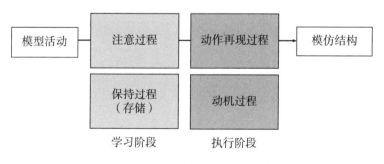

图 2–2　班杜拉的社会学习模型

除了能够帮助人们建立对儿童阶段观察学习的认知等普遍意义

外，班杜拉的研究还激发了人们对儿童会通过媒体习得攻击性和暴力行为等问题的长期思考。在这项研究中，当孩子们观看了一部短片后，有的孩子会模仿相应的行为而表现出了明显的攻击性。影视作品中的暴力镜头对青少年行为产生怎样的影响是当下非常现实的话题，并且被广泛研究。一些研究表明，随着带有暴力场景的影视作品的增加，社会上出现极端攻击行为和同情心缺失的现象也会越来越多。基于相关的研究发现，社会学习理论模型解释了展现暴力画面的影视作品是如何通过心理过程（如恶意评价、攻击性思想和情感）增加了攻击性和暴力行为的。不过，值得一提的是，这种关联的强度尚存在一些争议，并不是所有的研究都能证实展现暴力画面的影视作品会对所有人实施攻击性行为产生影响。尽管班杜拉进行的这一研究已经过去了 50 多年，但它所研究的课题至今仍然是发展心理学研究的兴趣所在。

影响

　　班杜拉关于儿童模仿攻击行为的研究对发展心理学产生了持久的影响。一方面，它标志着心理学从行为主义方法向社会认知方法的转变；另一方面，他的研究所涉及的"儿童如何通过观察学习""青少年是否可以从暴力倾向的影视画面习得攻击性行为"等问题至今仍是发展心理学关注的焦点。

思考

　　1.为什么说班杜拉的理论方法偏离了经典行为主义理论的假设?

　　2.根据班杜拉1965年的研究结果，儿童在多大程度上允许自己通过观察来区分行为的习得与实施?

第 3 章

婴儿惊人的模仿本领：
新生儿模仿实验

心理学家小传

安德鲁·梅尔佐夫（Andrew Meltzoff）生于 1950 年。他先后在哈佛大学与牛津大学学习心理学，1976 年获得牛津大学博士学位，现任华盛顿大学的心理学教授。

梅尔佐夫对婴儿模仿发展的研究

在针对出生 12～21 天的婴儿的两项实验中，安德鲁·梅尔佐夫等人研究了新生儿的模仿活动。他们感兴趣的是，刚出生不久的婴儿是否会模仿成人的面部表情和手部动作。梅尔佐夫之所以对面部表情的模仿格外感兴趣，是因为模仿者无法直接感知到自己的面部活动，因此也就无法验证自己的模仿是否正确。为了进行面部表情的模仿，模仿者必须以视觉感知到的印象来调整自身的行为。

根据梅尔佐夫等人的实验报告，一个月大的婴儿已经可以模仿成人吐舌头等面部表情了。这一发现可以解读为模仿是我们人类一种先天的能力。根据梅尔佐夫的观点，这种能力是基于这样一个事实，即婴儿能感知到他人与自己是相似的（"像我一样"的假设）。

出发点和问题导入

这项研究的历史背景是基于对皮亚杰的认知发展理论的考察。皮亚杰在 1962 年指出，新生儿生来就具有条件反射的本能，在出生的一个月后，随着接触到的刺激源越来越多，他们可能会进一步激发这种反射本能。这种模仿往往发生在婴儿观察到的行为与自身的动作相适应的时候，并且在所谓循环反应的背景下一再引发重复。根据皮亚杰的理论，我们人类认知发展的第一个阶段——感知运动阶段（大约是从出生到一岁半）又可以分为六个亚阶段。在第四、第五亚阶段（约一岁左右），婴幼儿就能够模仿那些他们无法观察到自己实施的行为。皮亚杰推断，人在出生后的第一年就开始模仿，但是模仿那些观察不到自己实施的行为是一种更为复杂的能力，因此它是后期发展获得的。

与此相反，梅尔佐夫和摩尔（Moore）认为，人类模仿能力的发展要早得多，甚至可能是天生的。这同样适用于对无法观察到自己实施的行为的模仿，如对吐舌头等面部表情的模仿。他们希望在以下两项实验研究的框架下，以数周大的婴儿为研究对象来验证这一假设。

于是，他们向这些婴儿展现了不同的手势和面部表情，观察他们是否在模仿这些动作。这项工作的主要挑战在于，排除一切其他可能的替代解释。这里提到了两种可能。一种可能是，这种显见的模仿是以某种方式对普遍的刺激的回溯（再现）。也就是说，当婴儿处在一种兴奋的状态下时，他们总喜欢吐舌头或者做鬼脸。偶然地，当婴儿吐舌头时，恰好符合了某种行为模式。这可能不是一种行为模仿，而是某种偶然达成的一致。另一种可能是，实验者会在无意识中将自身的行为与婴儿的行为相匹配。因此，看起来好像是婴儿在模仿实验者，而实际上是实验者在模仿婴儿。

实验详解

实验设计

在第一项实验中，一共有六名出生 12 ~ 17 天的婴儿被观察。实验者分别展示了四种不同的面部表情或手指动作，如吐舌头、张嘴、噘嘴，以及连续的张开、收拢的手指动作。图 3–1 中展现了实验者的三个面部表情。

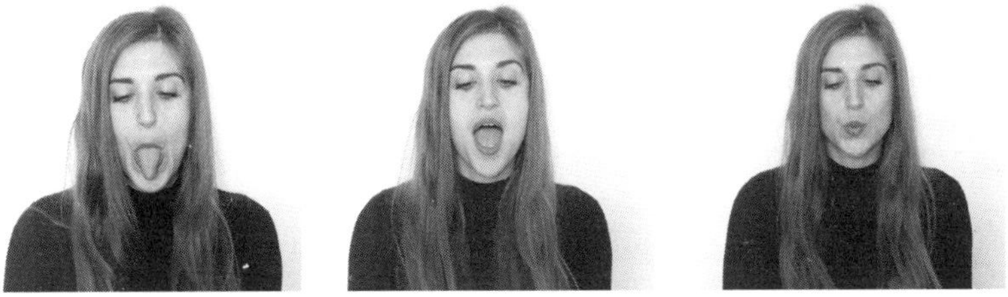

图 3–1　在第一个实验中做出的吐舌头、张嘴、噘嘴三种面部表情

在演示阶段，每种表情或手指动作都会在 15 秒内重复四次；而在反应阶段，婴儿有近 20 秒的时间做出反应。在此期间，实验者会保持无表情的状态，以免影响婴儿模仿。如果婴儿在演示阶段没有观察到演示者的表情或手指动作，则演示阶段会重复两遍。在一种表情或手指动作展示完毕后，会有短暂的停顿，随后再进行下一个展示。四种表情或手指动作展示的顺序是随机的，婴儿的反应会被录像机记录下来。

与其他表情或手指动作相比，婴儿是否会更频繁地响应某个特定的表情或手指动作则是研究人员要分析研究的。为了进行评估，在反应阶段，拍摄六名婴儿的视频片段被"无辨识"（盲选）编码（即不知道哪个表情或动作被展现过）。在多阶段的评估过程中，还要对婴儿是否展现了某个特定的表情或动作做判断并编码。

第二项实验在设计上类似于第一项实验，因此这里只讨论它的核心部分，即要避免一个表情或动作多次呈现，因为这可能导致实验结果失真。举例来说，实验者可以一再重复所有的表情或动作，直至婴儿正确模仿。于是，在一个重复测量的设计中，12 名（出生 16 ~ 21 天）婴儿面对"吐舌头"和"张嘴"这两个面部表情。此外，实验开始前还有一个对照设计，即实验者不会对婴儿呈现任何表情。这样，研究人员就能够进行对比，相较没有任何表情呈现的情况，婴儿是否会更频繁地做那些被实验者做过的表情。

结果与解释

第一项实验表明，婴儿会更频繁地重复此前被演示者呈现过的面部表情或手指动作。尽管其他的表情或动作也会出现，但频率较低。这种实验者行为和婴儿行为之间的一致性，可通过柱形图呈现出来（如图 3–2 所示）。

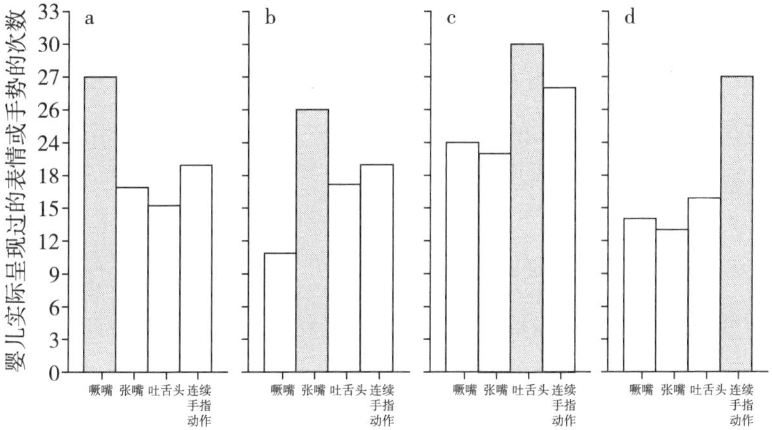

图 3–2　第一个实验中对婴儿做出表情或手势的数据统计

第二项实验得到了一个与第一项实验类似的发现。当演示者在此前展现了与之相应的表情动作后，婴儿会更频繁地做“吐舌头”和“噘嘴”的动作。

意义与评价

这项研究的重要性是不言而喻的。一方面，它对后皮亚杰时代的发展心理学的发展方向产生了巨大影响。另一方面，它与其他的深入研究得出了相同的观点（参见第 5 章），即皮亚杰的发展心理学理论是消极和不准确的。皮亚杰假设，对无法从自身观察到的行为（如吐舌头）进行模仿的能力，最早只能在婴儿一岁后发展起来；与之相反，梅尔佐夫和摩尔的研究结果表明，婴儿出生后不久就能够在观察不到自身的情况下进行模仿了，而且其他的相关研究同样得出了这一结论。这项研究的结果还延伸出了各种拓展性研究。例如，对婴幼儿早期能力的观察，形成了"有能力的婴儿"的观点。模仿是人类与生俱来的这一假设，有助于加强发展心理学中的先天方法论的发展。

基于这项初步研究，梅尔佐夫等人开发出了一套富有成效的研究项目，其中就包括更详细地研究婴幼儿的模仿能力，如对"延迟模仿"能力的研究和通过观察获得的因果关系研究。具有深远意义的是，梅尔佐夫等人构建了一个理论模型。这个模型的挑战在于（就拿面部表情模仿来说），如何解释将一个被观察到的但不是本体感知到的行为（他人完成的）与另一个无法观察到的却能够被本体感知到的（自身完成的）行为联系到一起。因为这在感官层面上（特定模态）似乎不存在共同的比较维度，从他人身上观察到的行为必须要与自身（即本体感知到的行为）相关联。梅尔佐夫和摩尔为了解决这个问题，采取了存在抽象化和超模态的表现方式。也就是说，对于个体行为，我们不仅仅以特定的模态（如视觉、听觉和本体感知）进行处理，而且也以抽象模式进行处理。根据模块间匹配理论（active intermodal mapping theory，AIM），梅尔佐夫等人推测，存在一个先天的等效探测器将自身的和他人的行为在抽象层面进行归纳。假如一个能观察到却没能亲身体会的舌部运动（他人的动作）和另一个虽然自身感觉到了但不能看见的舌部运动都在抽象层面上被定义为舌部运动的话，那么我们就能够解释为什么人一生下来就可以模仿了。

除了模仿的个体发展这个有限的问题外，这个理论模型还从另外两个基础拓展其影响力。在这个方法的进一步发展中，梅尔佐夫在"像我一样"模型中假设，认识自我及他人作为一种能力是理解社会发展的基础。假设某人像我一样行动，他就等同我。也就是说，同我一样思考和感知。根据这一模型，婴幼儿最开始也是从他人与自己相似（"像我一样"）来认知的。婴幼儿运用自身的经验（第一人称视角）来认识他人（第三人称视角）。根据梅尔佐夫的说法，这个过程是基于一个将自身和他人在相同的表征模式进行感知的先天能力上的。这使得梅尔佐夫将这个所谓的模拟理论纳入社会认知的范畴中去。一般假设，我们对他人的理解是通过与自身的类比实现的。

此外，梅尔佐夫的发现和他的理论与当代神经科学的一个发现（即所谓镜像神经元）相关。这种神经元会在进行某种行为时被激活，同时也会在对他人相关行为进行感知时被激活。因此，这种镜像神经元能够为梅尔佐夫假设的模块间匹配理论提供神经学相关基础理论。这些思考激发了发展认知神经科学对婴儿期模仿的神经元基础的探究。在最新的研究中，借助脑电图可观察到，婴幼儿在多大程度上会对行为进行观察并做出这些行为，会刺激大脑皮层运动区产生类似的皮质激活模式。

早期对模仿的研究和随之而来的理论已远远超越了学科的界限。因其与社会学习和社会认知有着根本性的关联，从而引起了人们的广泛兴趣。比如说，哲学提出的主体间性问题，即人们如何理解和解释人类的社会属性问题。我们先是以个体存在，在之后的发展中才成为社会实体的，还是最开始就是社会实体，在更深层面上构建了彼此的联系呢？在这个争论中，梅尔佐夫和摩尔的发现往往被引用作为人类生来就是社会实体的论据。它证明，在对我们与他人关系进行有意识的反思前，就存在一种重要的主体间性，它使人们公平地联结在一起，并且使人们能够彼此理解。

尽管梅尔佐夫的研究计划对发展心理学产生了重要影响，但是，他的实证研究发现和理论假设仍然存在争议和可商榷之处。针对这两项已经公布的研究项目，摩西·阿尼斯菲尔德（Moshe Anisfeld）和苏珊·琼斯（Susan Jones）都对他的实证结论提出了广泛的批评。两者的研究都提出，"吐舌头"这种被梅尔佐夫定义为模仿的行为，是被各种刺激源引发的反应。在一项研究中就给出了一个例子，婴幼儿在听音乐时也会吐舌头，而这却被梅尔佐夫理解为先天模仿的范式证明。而琼斯于2006年则得出了与梅尔佐夫和摩尔相反的结论，她假设婴幼儿吐舌头只是一种对有趣和令人激动的刺激源的一般反应。

近年来，两个广受关注的研究支持了早前的批评观点。2007 年，在一个大规模的横向研究中，琼斯根据八个不同表情，针对 160 名婴儿（每 20 人一组，年龄分别是 6 个月、8 个月、10 个月、12 个月、14 个月、16 个月、18 个月和 20 个月）展开研究。像梅尔佐夫与摩尔那样，她分析了婴幼儿看到一个表情并对实验者做出的相同或任何其他表情的反应的频率。研究结果表明，对表情的模仿只是在婴儿出生后的头几个月发展起来的（如图 3-3 所示）。该项研究还表明，在婴幼儿发育过程中某些行为第一次被模仿的不同时间点。

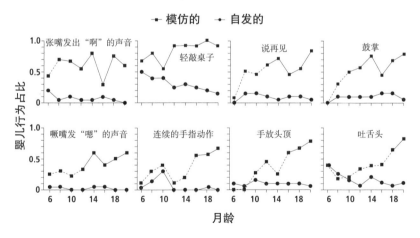

图 3-3　不同月龄婴儿的自发动作与模仿展示的动作的比较

注：依据琼斯 2007 年的研究，图中实线表明了哪些行为是婴儿特定阶段会去模仿的对应动作。相比其他动作，婴儿会更频繁地展现事前已经做过的动作。

这些发现与 2016 年发表的一项对婴儿从出生到第二个月的纵向研究报告相一致。在这项研究中，欧斯坦伯克（Oostenbroek）等人没有发现模仿表现的证据。这些研究都对模仿是天生或者很早就发展起来的表示质疑。根据这些发现，人们强调了另一种理论可能，即婴儿早期模仿的发展是建立在基础联想学习能力上的。婴儿能通过对他人的学习来模仿面部表情，因为他们自身也被其照顾者所模仿。在父母与婴儿的交互关系中，相互间的模仿对于模仿能力的发展起着关键作用。

鉴于这充满矛盾的实证研究结果，目前尚不清楚婴儿是否从出生时就能够模仿，也不清楚他们在什么年龄阶段普遍开始模仿。早期研究和最新研究都对婴儿期模仿的确切定义存在较大的争议，这表明该领域在评价梅尔佐夫研究结果的有效性和关联性上存在分歧。

影响

梅尔佐夫和摩尔于 1997 年的研究结果表明，他们对模仿能力的个体发展的定义至今仍然在引发分歧和争论。撇开模仿是否与生俱来的这个问题，梅尔佐夫等人的早期工作证明了一点，早期婴幼儿的模仿行为至今仍然是发展心理学集中探讨的主题之一。

思考

1. 梅尔佐夫和摩尔是如何解释婴儿会模仿那些无法观察到自己实施的行为的？

2. 梅尔佐夫的"像我一样"模型意味着什么？它在多大程度上引发了对人类主体间性的本质这个问题的兴趣？

3. 对梅尔佐夫等人的假设存在哪些批评？对于模仿的产生还有什么其他的思考？

第 4 章

孩子是如何学会理解他人的想法的：
错误信念实验

心理学家小传

约瑟夫·佩纳（Josef Perner）1948 年出生于奥地利萨尔茨堡州的拉德施塔特，曾在萨尔茨堡大学和多伦多大学学习心理学、哲学和数学。1978 年，他在多伦多大学获得博士学位，论文是关于童年在不确定性情况下的决策行为。1979 年起，他在苏塞克斯大学工作，1995 年起在萨尔茨堡大学任教授。

佩纳对儿童心理理论发展的研究

这项研究的重点是，儿童从什么年龄开始能够理解他人对世界有着和他们截然不同的看法的（或者按照认知心理学的概念，有着不同的心理表征的）？此外，还进一步研究了儿童从几岁开始能够理解和预测错误信念的？这两个问题是相互关联着的，理解"错误信念"的前提是，别人可以用不同于自己的方式看待整个世界。这种对他人思维和意识活动的假定，在广义层面上被称为心理理论。为此，佩纳对 3~9 岁的儿童进行了四个实验。其中第一个是经典的马克西与他的巧克力的实验。在这个故事中，孩子们看到马克西把他的巧克力藏在了蓝色的盒子里。当他离开后，这块巧克力又被他妈妈放到其他的盒子里。马克西回来后，他想要拿回他的巧克力。这时，研究人员会询问观看的被试儿童："马克西可能会去哪个盒子里找他的巧克力呢？"根据心理理论，我们可以预测，马克西会到他之前藏巧克力的蓝色盒子里找。而这一实验得到的结果都表明，3～4岁的儿童不具备心理理论能力，对于错误信念也没有认知，孩子的这些认知要到4～6岁才会发展起来。

出发点和问题导入

在20世纪60年代和70年代的认知转向的背景下，人们越来越关注认知机制和心理活动过程，它们是更为复杂的心理表现的基础。自皮亚杰以来，发展心理学开始关注婴儿是从什么年龄开始与他人产生共鸣并能够理解他人的观点的。1956年，皮亚杰和英海尔德（Inhelder）在他们著名的三山实验中探讨了"视角与观点"这个问题。这个实验发现，幼儿园阶段的孩子是很难接受与自己不同的视角得出的观点的（从另一个空间维度去观察相同的环境）。这种局限性被皮亚杰解释为自我中心主义（不要与利己主义相混淆），因为儿童是以自身的空间视角为中心进行观察的。

除了接受不同视角产生的观点的能力外，人们还可以识别和理解他人的心理状态。换句话说，我们能够理解他人知道自己所不知的东西这个事实；反之亦然。此外，我们还了解到，人们是根据自身对世界现状的信念来进行某些特定活动的。举例来说，如果我知道我的邻居误以为面包店今天开门，那我就可以预测当他想买面包时会去面包店。这种接受不同视角认知的能力并非易事，因为这要求人必须在同一时间意识到彼此相互冲突的信息，如自身对世界的认知以及对他人的认知和假设的理解。用认知心理学的术语来概括，就是每一个个体都有各自对世界的表征。更准确地说，这意味着当我假设这个对象实际存在于柜子里，那么，我不仅有了对这个对象及其位置的表征，还能够推断出他人是如何看待这个世界的。也就是说，我有了对他人表征的表征，即元表征。元表征能力的自然发展，在许多心理学家看来，就是非常典型的人类成就。

为了研究心理状态认知的发展，人们开始探讨幼儿在哪个阶段会在自然语言运用中提及心理状态，如一些表示心理活动的动词"知道""想""喜欢"。这些所谓的心理词汇，在儿童两岁至三岁间快速发展起来。但是，这里存在一个问题，即儿童究竟是如何最终理解这些概念的？儿童对于"知道"这个词的使用与理解，最终可能与成年人是不同的。于是，人们想知道，难道不可以用另一种方式探究对心理状态的理解吗？

1978 年，大卫·普雷马克（David Premack）和盖伊·伍德拉夫（Guy Woodruff）在一篇备受争论的学术论文中提出了"黑猩猩是否具备心理理论"这一问题。争论的焦点在于，如何明确地证明一个生物有对他人的心理状态的认知（即具备心理理论能力）。其核心思考在于，在竞争行为的背景下，一个可被预见的错误信念能够作为某个心理认知的指标。而战略性错误信念意味着，一个人能够通过对他人信念的认知，通过诱导使其行为被错误信念所影响。对一个错误信念行为的纯粹观察不能得出一个准确的结论，即错误信念是否可以被有意引导出来。在这篇文章的交流和评论过程中，形成了一个实验的初步概念：设计一个物体的位置转换，然后让物品的所有人去寻找。这个提议，后来被维默尔（Wimmer）和佩纳于1983 年共同运用到了一个巧克力故事中。这个实验能够帮助人们理解什么是错误信念。时至今日，该实验仍然被视为心理理论发展的基础实验。

实验详解

实验设计

维默尔和佩纳进行了一系列的四个实验，这些实验探讨了"儿童从什么年龄阶段开始能够理解他人有错误信念""他们多大程度理解了错误信念"这些问题。

　　下面是第一个实验的详细介绍，其他的三个实验则只是简单介绍一下。第一个实验的设计目的是理解"错误信念"这一概念，为此该实验设计了两个结构相同的故事：主人公将一个物品放在位置一，随后这个物品会被转移到位置二；当主人公回来后，他要取回该物品。

　　之前讲的巧克力故事就如上述的结构，马克西则是这个故事的主人公。马克西把他的巧克力放在了蓝色盒子中，而马克西的妈妈在他不在的时候，无意中又把巧克力放到了绿色盒子里。由此，马克西对巧克力在哪里有了错误信念。现在实验要求 4~9 岁的儿童回答："马克西回来后会到哪个盒子去找巧克力？"出于对主人公认知的理解（尽管他的认识是错误的），可以准确地预测，马克西仍会在蓝色盒子里寻找巧克力。但是，如果不具备心理理论能力，仅从自身的认知出发，儿童就会预测"马克西会去绿色盒子寻找巧克力"。

　　此外，还将探究，儿童在多大程度上能够将他们对错误信念的认知运用到预测竞争和合作活动中去。于是，另外两个故事都对合作或竞争的内容进行了补充。在合作的版本中，马克西请求祖父帮助他，把巧克力从盒子里取出来。祖父问马克西："巧克力在哪个盒子里？"这时，人们可以期待马克西仍是根据他的信念回答问题。根据上面的例子，他会说在蓝色盒子里。在竞争版本中（理论上更令人兴奋），马克西的哥哥也加入了进来，他也想知道巧克力在哪里。由于马克西担心他的哥哥会吃掉那块"你不知道而我知道"的巧克力，于是，他决定不告诉哥哥真实的情况。这里人们希望看到，马克西提到那个在他的信念中是错误的盒子——绿盒子（讽刺的是，它实际上是正确的）。所有故事最后都要问孩子们一些问题，以保证每个孩子都能正确地记住故事的经过。

第二个实验要探究的是 3～6 岁儿童可能存在的对错误信念认知的困难。一方面，应排除冲动回应（事前没有思考就快速回答），使错误回答的可能性大大降低。于是，一个新的条件被引入（停一停、想一想），在儿童回答这个充满争议的错误信念问题前，让儿童再次思考，然后鼓励儿童回想马克西把巧克力放哪儿了这个问题。另外，还要考察是否在涉及两个相似的表征（巧克力在蓝色盒子或在绿色盒子）时，存在特别困难的情况。于是，进一步引入新的条件（消失），即巧克力彻底消失了（妈妈吃掉了整块巧克力），而不是在另一个盒子中。

第三个和第四个实验则研究儿童究竟在多大程度上会形成错误信念的认知。在第三个实验中，引入了一个额外的条件，即将巧克力放回原来的盒子中，这样保证了主人公没有错误信念。但是，在竞争的版本中，为了欺骗哥哥，人们必须明白，必然诱使另一个人产生错误信念。第四个实验则探究了儿童是否真正理解错误信念的意图。在这些故事中，还会故意给出错误的答案，以达到欺骗他人的目的，孩子们必须判断这个答案是否真实。

结果与解释

实验一证明，在4～5岁的孩子中，有一半都在两个故事有关错误信念的问题中回答错误；与此同时，6～9岁的孩子则两个问题都回答正确了。另外，研究发现，那些正确回答了错误信念的孩子，无论岁数大小，都在竞争的版本中给出了预期的答案，即从马克西的角度，将哥哥引向错误的盒子。这种对错误信念的认知，往往伴随着对欺骗行为的认知。

实验二表明，3～4岁的孩子无论是在思考条件下（停一停，想一想），还是在消失条件下，都没能正确回答两个问题。在实验中，他们大多数回答错误。4～5岁的孩子则在消失条件下，给出了比标准条件和思考条件下（停一停，想一想）更好的回答。5～6岁的孩子无论是在两个条件下，还是在两个实验中，都回答正确。与此同时，在标准条件下，他们在过半的情况下回答正确。实验二的主要发现是，确立了实验一中已经表现出来的年龄趋势。根据这个研究，孩子的心理理论能力是在幼儿园后期发展起来的。

实验三和实验四则表明，4～5岁的孩子在理解欺骗性意图方面存在困难，包括如何判断具有欺骗意图的声明中的真实性。举例来说，在 4～5 岁的孩子中，绝大多数在实验四中把有欺骗意图的陈述当作真的；与之相反，5～6 岁儿童多数回答正确。

意义与评价

作为对儿童心理理论概述的最核心的实验，马克西和巧克力实验被载入了发展心理学的史册。在理论层面上，它被视为一个指标，构建了人的预置能力，即对同类的心理活动的全面认知，也就是所谓心理理论。尽管在原始环境中，已经能够在黑猩猩身上发现一些初步迹象。当然，黑猩猩的社会认知能力远不能与幼儿相比。研究表明，四个实验所体现的元表征能力，在相对紧张的时间窗口就会超出预期，发展出了错误信念认知和欺骗意图行为之间的密切联系，并且被视为一个指标，提示了概念的发展步骤。这也意味着，这种能力不能简单通过基础活动（如更多记忆、更快处理信息）的数量增加来诠释，而是代表了对心理活动质变的全新认知。

维默尔和佩纳的工作激发了大量后续研究，这些研究专注于那些先于或促进心理理论的心理活动，主要涉及以下三个方面。

第一个方面就是语言发展的影响。母亲使用心理状态语言的水平可以预测孩子未来心理理论的发展，以及拥有词汇量的规模和特定句法技能所起到的作用（尚存争议）。根据维利尔斯（De Villiers）

的说法，构成补足语从句（基本上，由"是……"引导的从句，如"我以为，是……"）的能力是决定性的。这种语言发展的结构，建构了一种范式。在这个范式中，人们能够表征他人的认知状态。事实上，一些纵向研究表明，在补足语从句的认知和心理理论的发展之间存在联系。批判者对此持相反观点，他们认为，这种关联只能通过典型心理理论的语言任务范式来调节。

第二个方面是认知的控制过程。不同的研究都表明，在心理理论和抑制性控制之间存在联系，即通过抑制一个优越冲动来促进其他反应。这种能力有着核心地位，因为个人的信念不应当干扰到另一个人的信念思考。

第三个方面是儿童早期的社会认知能力与后面发展起来的心理理论之间的联系。孩子早期的社会认知范式和社会行为，能在多大程度上预测对他人心理状态的理解？举例来说，一岁两个月大的婴儿，就可以做出具有陈述性的指示姿势。根据思维能力理论，孩子从四岁开始就能够做联想。这种认知不依赖于语言能力，却与社会领域内的特殊联系有关。总而言之，这种由不同心理活动过程共同构建的复杂条件网络，促成了心理理论的发展。心理理论之前的一些研究表明，即便是三岁以下的儿童，也能形成对不同需求的认知。也就是说，他们能够理解他人会喜欢与自己不同的事物。由于还没有建立对错误信念的认知，儿童在这个年龄阶段会具备一种直观的"欲求心理"。随着心理理论的发展，儿童的认知逐渐扩展至对信念的认识上，即"信念欲求心理"。根据发展心理学的观点，这种"信念欲求心理"是一种日常心理学（或者说"常识心理学"），人们能通过它来认识他人的行为。举例来说，因为安娜"感到"了饥饿，并且她"相信"冰箱里有吃的（"信念"），于是，她打开冰箱。心理理论的发展体现了常识心理学的一个核心方面。

认知性观点的接受能力对于心理理论进一步发展有显著的影响。根据一项发现，学术能力与学术成绩有相关性。此外，具备更高心理理论能力的人在同伴中会更受欢迎。心理理论还在道德发展领域发挥重要作用，区分故意和无意行为的能力是平衡道德判断的关键。特别是在司法领域，其同样扮演了重要角色。例如，某人是否有意识地做出了应被责罚的行为？或者，他们是否坚信自己是出于善意而为之？总而言之，更高的心理理论能力与社会认知发展之间存在积极影响。难怪研究工作都聚焦于此，以探究心理理论是如何在儿童阶段得到发展的。

最后要提到的一点是，对心理理论的研究激发了人们对认知概念发展的兴趣。从什么时候开始，孩子能理解他人所想？认知往往是与直观感知相关的，人们是否可以通过其他方式获取？对于 4～5 岁的孩子而言，知识受限于他们对信息的直观感知（也就是说，他们只能知晓那些他们能直接看到的事物）。与此同时，大一点的孩子则能够理解，人们通过逻辑推断获得的知识。元认知的发展也表现出了类似的研究方向，即对自我思维过程和知识储备的认知。这里会涉及元表征，因为人们只能代言自己的表征。苏格拉底的那句名言"我只知道，我一无所知"就是最好的例子。有趣的是，同年龄阶段表现出的明确的元认知的发展，与心理理论紧密联系在一起。根据这些研究人员的观点，两种能力都是建立在对心理状态（自己或他人的）共同、基础的认知之上的。

近年来，关于心理理论研究出现了激烈的争论。在一项由大西（Onishi）和勒妮·巴亚尔容主导的受人瞩目的研究中，他们发现一岁三个月大的婴儿已经具备对错误信念的认知。在她们的研究中，延续了习惯化范式，如模仿了维默尔和佩纳原初实验的设计。婴儿会更久地观察，当一个人从盒子里取物品，而这个盒子中不应当有该物品。研究人员由此解释道，这表明婴儿也期待一个人按照错误信念采取行动。类似的结论也出现在预期性注视范式，以及帮助行为中。这些发现引发了剧烈争论，因为它们颠覆了对心理理论发展的假设。通过内隐方式获得的认知，是否与所谓外显方式获得的认知一样？或者，隐性认知不同于根据本质获得的显性认知？尽管如此，仍然要对这个问题保持谨慎的态度，因为对于心理理论的经验关系问题仍不十分清晰。最初的研究也只是指出了所谓错误信念的隐性认知与后面形成的显性的心理理论之间的可能联系，它被定义为一种连续性认知。其余的研究则发现了关于错误信念的隐性认知的另一种解释，即不同于显性的存在，它们之间不存在联系。

此外，近年来还出现了关于隐性心理理论研究发现的可重复性争论。一些研究小组报告，他们很难或者只能少部分再现原初实验的结果。

对比几十年来已经建立并且广泛传播的研究现状，心理理论仍有不清楚的地方，包括错误信念的隐性认知是否普遍存在？如果存在，这意味着什么？目前有多个发展心理学的研究计划，正在研讨这个问题。

影响

对心理理论的研究与发现，是发展心理学中最突出的、也是最吸引人的课题之一。人们是如何得以发展出对他人思维和知识进行思考的能力的？维默尔和佩纳的实验研究确立了它的关键地位。因为它系统地解决了这个问题，并且开启了一个新的研究传统的起点。通过巧克力的故事，他们开发了一种方法论，至今仍被认作这一研究的标准。最后，他们所给出的答案，至今仍在该领域的最前沿被讨论着。

思考

1. 巧克力的故事在多大程度上允许人们探究儿童是否具备心理理论？

2. 如何理解"心理理论的发展意味着认知发展的阶段"这一说法？

3. 当研究人员谈及隐性的心理理论时，他们究竟要表达什么？这个发现引发的争议究竟有多激烈？

第 5 章

宝宝为什么对啥都感到新奇：
客体恒存性实验

心理学家小传

　　勒妮·巴亚尔容 1951 年出生于加拿大魁北克省。她先后在蒙特利尔的麦吉尔大学和美国的宾夕法尼亚大学学习心理学，并于 1981 年获得博士学位。自 1983 年以来，她一直在伊利诺伊大学香槟分校任心理学教授。2015 年，她当选美国国家科学院院士。

巴亚尔容等人关于客体恒存性的研究

　　成年人认为，世界是由实实在在的客体构成的，即便人们无法感知到某些客体，它们仍然独立于人的行为而存在。但是，对婴儿来说世界是怎样的呢？他们是否同样具有独立于他们的行为和感知而存在的客体的概念（客体恒存性）？为了研究这个问题，1985 年，勒妮·巴亚尔容等人为四至五个月大的婴儿进行了两种展示，一种展示符合客体恒存性的原则，另一种展示违反这一原则（尽管有阻碍物横隔在前，客体仍能向先移动，仿佛障碍物已经不复存在）。婴儿会对后一种展示有更长时间的注视，这被解释为意外和违背了预期。婴儿表现出了对客体恒存的期待，即当他们无法观察到时，客体依然存在，并且它不应穿过障碍物继续移动。

出发点和问题导入

巴亚尔容等人的研究是建立在皮亚杰的认知发展理论上的。根据皮亚杰的理论，婴儿在出生后的一年内，不具备客体恒存性。皮亚杰的假设是：婴儿完全活在此时此地，他们直观感知获得的印象和随后的行为决定了其心理认知能力，不能被观察到的客体在婴儿这里是不存在的。对此，皮亚杰进行了一个非常著名的实验——"AB 位置错判"，该实验的对象主要是八个月至一岁大的婴儿。在这个实验范式中，一个客体（如玩具）会被放置到地点 A，并被布盖住。婴儿在此玩耍，并且在地点 A 将这个玩具找到（如图 5–1a 和图 5–1b 所示）。接着，在婴儿的注视下，研究人员又将玩具藏在了地点 B。实验最终得出了一个有趣的结果：尽管情况有变，但婴儿仍然会在地点 A 寻找玩具（如图 5–1c 和图 5–1d 所示）。皮亚杰由此得出结论：婴儿不具备足够的客体恒存性。由于婴儿们无法将客体表征到地点 B，于是只能重复他此前取得客体的行为，即再次从地点 A 抓取玩具。

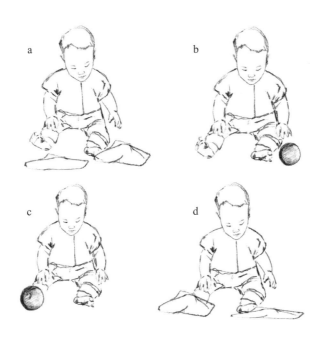

图 5-1　皮亚杰"AB 位置错判"实验

注：a. 一个物品在地点 A 被布覆盖；b. 婴儿在地点 A 找到该物品；c. 在婴儿的注视下，物品又被隐藏到地点 B；d. 婴儿仍然将手伸向地点 A 取物品。

　　研究人员在对皮亚杰理论的研究讨论中，逐渐在其理论外提出了另一些解释。一种可能是，年幼的婴儿很难协调自身活动，特别是涉及目的和手段之间的关系时。实验中，婴儿们必须先揭开隐藏物体的布，才能取得物品。换言之，人们可能会疑惑，这种 AB 位置错判是否更多地体现了行为控制的问题（也就是行为发展），而不是客体认知问题（认知发展）。

这个问题或许可以通过婴幼儿研究领域的方法论革新来回应。研究人员通过引入习惯化范式和进行调整，来领会婴幼儿理解了什么，这为认知发展拓展出了一种新的可能，即不仅仅局限于对婴幼儿行为的观察。于是，研究人员将婴幼儿的注视时长作为违背预期范式的标准。

概念聚焦

习惯化和违背预期范式

习惯化和违背预期范式指通过测量婴幼儿的注视时长，来推断其认知状况。这种方法有各种不同的实验设计。大部分实验会分出一个习惯化阶段和一个测试阶段。实验中的大部分时间要求孩子坐在一个小舞台或屏幕前，在此一些特定事件会被反复呈现。在习惯化阶段，要求儿童对某一特定事件习惯化。实验规则要求这些事件一再呈现，直至儿童的注视时长降低到了规定的标准之下。举例来说，与前三次实验的平均注视时长相比，最后三次实验的平均注视时长会减少至一半。

一旦孩子们表现出习惯化，测试阶段就开始了。在测试阶段，他们会分别面对两个事件：一个应当违背他们的预期（如手松开了一个物体，但这个物体没有掉到地上）；另一个事件充当对照组，应当符合孩子们的预期，并且这个事件与习惯化阶段的事件相同（如手松开，则物体掉落在地）。儿童被试对两个事件的注视时长会被进行分析。相对于对照组的事件，孩子们是否会花更长的时间观察有争议的事件？这被解读为"意外"。这种意外表明，婴幼儿会有不同的预期，他们对此有一定的期望，从而具备了一定的认知。

1985 年，勒妮·巴亚尔容等人使用这个范式就是为了揭示一个问题：年幼的婴儿（正如皮亚杰所假设的）是否已经具备了客体恒存性。

实验详解

实验设计

该研究遵循以下的实验设计。

将多名四至五个月大的婴儿分成两组——实验组和对照组，实验人员将一块一端固定且可以旋转 180 度的木板平放在书桌上。在习惯化阶段，婴儿们可以看到这块木板是如何从前往后旋转 180 度的，并且整个旋转的过程中木板都能够平放在书桌的平面上，直到婴儿们习惯了这个场景。

然后到了测试阶段。实验人员在木板后面摆放了一个黄色的盒子。婴儿们会分别被展示两种不同的实验过程。两个实验自始至终都是在书桌的平面上进行的。在所谓可能情况（可能发生的事件）下婴儿们将看到：在木板旋转的过程中，它会在一个角度（即在木板触及后面那个黄盒子的地方）停下并返回到原点，然后再次开始旋转。而在不可能情况（不可能发生的事件）下，婴儿却能看到木板到了盒子处仍继续移动，仿佛后面的盒子不存在一样（实验者通过某种巧妙的系统来保证木板流畅地旋转而不碰到盒子），在木板向原点再度旋转回去时，盒子再度被婴儿看到。

这个实验将检测以下的假设：如果婴儿们具备了客体恒存性，并能理解物体的固态属性（不可能穿透），那么他们就会认为，在木板后方摆放了一个盒子的情况下，木板是无法在不碰到盒子的情况下继续旋转的（这被定义为"不可能事件"）。因此，相对于可能事件，他们会花更长的时间注视这个不可能事件；如果婴儿们不具备客体恒存性，那么他们应当花更长时间注视那个可能的事件，因为盒子的存在导致木板在测试阶段的旋转与其在习惯化阶段的旋转有明显的不同，因此对孩子来说更不寻常。

然而，婴儿们依然会花更长的时间注视那个不可能的事件，因为木板完整的 180 度旋转的过程让他们更兴奋。也就是说，无论木板后面是否摆放了盒子，婴儿们依然会用比看"可能的事件"更长的时间去看"不可能的事件"。如果不考虑盒子的存在，那么整个实验就不能证明婴儿是否具备客体恒存性。为了排除这种诠释，巴亚尔容等人还设置了一个对照组。对照实验与原实验的设计相同，主要的区别在于黄色盒子不再摆放在木板的后面，而是放在了木板的旁边。

结果与解释

通过对注视时长的分析研究表明，婴儿们在三组测试中，相较"可能的事件"会更久地注视"不可能的事件"。而在对照实验中，婴儿们都没有显示出一致的偏好。总而言之，实验结果似乎表明，在木板后方摆放了盒子，婴儿们对木板依然能继续旋转感到惊讶。

意义与评价

勒妮·巴亚尔容等人的研究与皮亚杰的认知发展理论的主要假设形成了直接矛盾，这是该研究的重要意义所在。根据皮亚杰的观点，婴儿只有在一岁后才能发展出客体恒存性。对于年幼的婴儿而言，一旦物体之于他们是不可见的，它们就不复存在了。而巴亚尔容等人的发现则间接证明，即便物体不再可见，它对于年幼的婴儿而言仍然是存在的。进一步的研究同样表明，即使三四个月大的婴儿也有类似的发现模式。

除了得出上述重要的结论外，这项研究还强化了一种认知，即婴儿似乎知道的比他们能用行动表现的要多。这种认知可以通过所谓内隐或间接的测量方式来获得（如对注视时长的测量），并促进了婴儿研究实验的蓬勃发展。视觉的习惯化范式和与之相关的违背预期范式是研究婴儿认知能力和前言语知识获得最常见的方法。

在客体恒存性的研究领域之外，类似探究也在持续进行，如因果关系认知、客体运动以及在其他自然规律帮助下记录的注视时长测量。由于这些研究大部分与婴幼儿相关，人们从中能理解到的是，婴幼儿所表现出的认知不是通过学习获得的，这促进了新先天论的发展。新先天论的核心理论假设是：在进化过程中，人类生来具备一定的知识储备。这种核心学说的基本面涉及现实层面（如客体恒存性），如果认知可以先天被继承，这将成为演化中的一种优势。

与此同时，一直有人对这个结论与诠释提出批评。一方面与该研究采用的方法论有关，另一方面则涉及其理论性结论。对注视时长的测量，以及这种习惯化／非习惯化范式，最初是为了探究个体的感知能力发展。直到 20 世纪中叶，人们仍无法知晓婴儿在一岁后究竟能够观察到什么。例如，人们会提问："婴儿是否能够对有着不同图案的客体进行区分？他们的观察究竟有多敏锐？"为了证明这一点，人们反复在婴儿面前呈现不同式样的客体，直至他们的注视时长降低到了规定的阈值以下。随后，人们再提供一个有着全新式样的客体。如果婴儿能够区分后者与前者，那么他们会增加对新的客体的注视时长。这种习惯化范式帮助我们更好地理解婴儿阶段的知觉表现。但是，用这种方法来解释认知发展问题是有争议的。批评者认为，这类注视时长测量主要是为了展现婴儿对某种变化的感知。但是，由于实验设置非常烦琐复杂，究竟是什么因素引起了这种注视时长的变化，仍不得而知。于是，博格茨（Bogartz）等人于 2000 年在巴亚尔容等人的研究基础上，进行了更加易于操作的习惯化及其他测试。他们得出的结论是：注视时长的差异并不源于客体恒存性，而在于不同的感知偏好（对新事物以及已经看过的事物）。一些研究人员认为，这种基于认知结构的建构理论，只能被看作推测性的和不合理的。

注视时长研究结果的方法论评估中的不确定性进一步被强化，因为人们一再发现，在针对年长儿童的研究中，注视时长结果与行为测量之间存在分离性。举例来说，1992 年斯皮尔克（Spelke）等人指出："当客体可见地向另一个位置移动时，二至四个月大的婴儿会观察更长的时间。"他们由此得出结论，婴儿先天已经具备了对客体恒存性的核心认知。但是，在对两岁儿童的行为观察中却没有展现出任何实验数据证明，儿童会预期一个客体不能穿透另一个客体。因为两岁的儿童已经具备了必要的运动技能，他们在行动上的失利（不同于一岁大的婴儿），不能被解释为他们缺乏必要的运动能力。在其他研究中，一些幼儿园阶段的儿童会被明确问及他们对客体恒存性的认知。研究结果显示，这些孩子（有的甚至六岁）与那些在注视时长研究中数月大的婴儿一样，仍不能就核心认知问题给出正确的答案。这种巨大的年龄差异很难简单地用缺乏抑制或有限的运动技能来解释，并引发了一个争论，即如何在习惯化／非习惯化范式实验中对注视时长进行准确测量。

另一个争论涉及对巴亚尔容等人的研究结果的理论解释。与皮亚杰一样，他们提出一个问题："儿童从哪个阶段开始具备客体恒存性？"换言之，在哪个年龄阶段存在这种认知或根本不存在这种认知？两种可能都假设，客体恒存性作为一种认知能力，它要么存在，要么不存在。由于注视时长测量研究的结果与其他行为测量研究结果之间存在差异，或许可以表明，客体恒存性也有着不同的表现形式。它们体现在不同的心理活动中，如视觉感知、运动控制。因此，巴亚尔容的发现只涉及了一个相对弱化的、纯粹的客体视觉表征，这很可能被人们理解为某种视觉的残影。而行为研究的结论则能指向一个更加鲜明的客体表征，它与行为本身相关，一个完整的概念认知只能通过语言表述得以实现。这些思考证明，为了更好地建立客体恒存性（具体）和物理世界认知（普遍）的认知理论发展模型，需要对巴亚尔容等人的研究进行更加细致的解释。

影响

　　勒妮·巴亚尔容等人的发现对婴儿研究产生了重大影响，他们用一种全新的方法论探究了客体恒存性的发展问题，并且引发了新的对物质世界前认知的研究热潮。同时，人们发现了一个在婴儿所谓的认知和幼儿园阶段的儿童对物理规律匮乏认知之间的显而易见的差异。于是引导出了新的问题，即如何从理论层面上去诠释婴儿研究得出的结论，并将它整合到一个连贯的发展模式中去进行诠释。

　　思考

　　1. 巴亚尔容等人的发现在多大程度上能够对皮亚杰的发展理论形成质疑？

　　2. 在解释巴亚尔容等人的研究结果时，哪些批评意见应被提及？

*S*chlüsselexperimente der
*S*Entwicklungspsychologie

第 6 章

孩子早期的依恋类型：
婴儿陌生情境实验

心理学家小传

玛丽·梅因（Mary Main）生于 1943 年，毕业于美国圣约翰学院（马里兰州安纳波利斯校区），获学士学位。接着在巴尔的摩约翰－霍普金斯大学师从玛丽·安斯沃思（Mary Ainsworth）学习心理学，并于 1973 年获博士学位。自 1973 年以来，她一直在美国加州大学伯克利分校教授心理学。

玛丽·梅因关于依恋安全的代际传递研究

在一项纵向研究中，玛丽·梅因等人探究了婴儿期和幼儿期的依恋品质与 5~6 岁儿童的心理发展之间的联系。为此他们还进一步展开了对成人依恋关系，即成人依恋理论的研究。该研究发现，新生儿头两年的依恋安全感程度与未来几年的社会心理发展的不同方面有关联。此外，还发现了在陌生的情境下，父母的依恋表征和儿童的依恋之间有特定的关联性。这项研究被视为发展心理学的一个里程碑，因为它试图系统地归纳依恋表征，并且建立了成人依恋理论的方法论。

出发点和问题导入

长时间以来，发展心理学着迷于探究婴儿与父母早期形成的依恋关系的意义。父母是否影响了孩子的人格，以及这种影响具体是怎样的？这与他们各自的经历有什么联系？这两个核心问题只有在依恋理论的框架下才能寻求到答案。

依恋理论的提出最早可追溯至英国儿科医生和精神分析学家约翰·鲍尔比（John Bowlby）。他的研究关注婴儿阶段的分离行为是如何对儿童的行为能力产生长期影响的。在这项开创性的理论成果中，鲍尔比将精神分析、进化论，以及系统论和控制论的核心思考融入新的依恋理论中去。依恋理论假设，儿童先天就有与照顾者之间建立保护性、慰藉性关系的需求。这相当于进化遗传的行为程序，其目的是确保后代的生存。此外，依恋行为系统（attachment behavior system）是在恐惧和不安的驱使下被激活的。这种通过恰当的信号（如哭泣）来试图与照顾者建立亲密关系的行为系统，与探索行为系统截然不同。在这个阶段，安全感占据了主导地位，它确保了儿童如何在游戏中探索世界。这两个系统彼此对立。依恋与探索之间的交替，体现了系统的控制回路。一旦婴儿处于不安的状态，就会寻求与照顾者的亲近。再比如，当婴儿得到了安抚，则依恋系统平静下来，婴儿会重新开始探索。这一状态会持续到婴儿再次感到不安，或者察觉到自身有无法消解的需求。此时，依恋系统会再次被激活。

　　照顾者面对婴儿传递的信号能否充分且及时地给予反应是因人而异的。于是，通过亲身经历了照顾者在多大程度上能对其需求做出敏感的反应，并提供情感支持后，婴儿们建立起一些特定的行为策略。这些策略反映了他们对照顾者行为的预期。

　　鲍尔比的思考被玛丽·安斯沃思恰当地转化为一种实验情境，从而可用于实证检验。在陌生情境实验中，婴儿被迫与妈妈分开很短的时间，当妈妈回来后研究人员记录下婴儿的反应情况。根据婴儿表现出的不同的行为模式，研究人员将其也分为不同的依恋类型。安全型依恋的婴儿（B 型）看到妈妈返回后感到很高兴，并表现出跟妈妈很亲近的样子，从而使自己平静下来。回避型依恋的婴儿（A 型）在妈妈离开后并没有表现出有多难过，当妈妈返回时也不做过多的回应，尽管能感到他们也会不安，但不会主动搭理妈妈以获得安慰。焦虑型依恋的婴儿（C 型）会非常烦躁，当他再次见到妈妈后很难被妈妈安抚下来，并表现出频繁的暴力行为和抵触情绪。除此之外，还有被归类到混乱型依恋（D 型）的婴儿，他们会表现出特定的行为模式（如僵硬），这类行为模式被解读为因恐惧和行为系统的混乱、无规律导致的状态。

　　依恋理论认为，上述三种经典的婴儿依恋类型是由父母对婴儿的需求是充分的（对应 B 型）、抗拒的（对应 C 型）还是不充分的（对应 A 型）敏感度所造就的结果。无论是观察性研究，还是实验性研究都证明，父母对孩子的敏感度是预测婴儿依恋安全的关键要素。关于依恋理论的现状，斯潘格尔（Spangler）与采默尔曼（Zimmermann）在 2015 年进行了概述。

依恋理论的一个核心假设是，经验会被融入一个内在的工作模式中，即对自我的和亲密之人关系的认知表征。这个内在工作模式构建了感知和诠释过程，确定了经验的加工，掌控了他人的预期。陌生情境实验就体现了这些功能。虽然当妈妈们按照指示回来后只是站在门口，仅仅呼唤她们孩子的名字，婴儿们便会根据各自之前的关系经验，做出截然不同的反应。这表明一些特定的行为期望已经被建立起来了，这些期望又决定了婴儿的行为。尽管如此，陌生情境实验仍停留在纯粹的行为层面上，侧重于与某一特定照顾者的关系，并仅限定在儿童早期。随着这种行为模式的发展，我们自身是否也存在一个普遍的内在工作模式，支配着我们这些成年人的发展呢？这是玛丽·梅因等人在这个研究框架下要解释的一个核心问题。

实验详解

实验设计

这项研究建立在对婴儿阶段的依恋安全的初步调查基础上。

12 ~ 18 个月大的婴儿和他们的母亲或者父亲，会在这场陌生情境实验中被记录。40 名婴儿会被挑选出来作为实验样本（最初实验有超过 180 名被试），在他们长到六岁左右时又对其重新展开研究。

这里的选择标准是基于对照顾者的依恋模式的平均分布。在初步调查中，研究采取了一系列措施，来推进依恋发展和心理发展的探究。实验中，与孩子分离了一个小时后，妈妈们将再次与孩子团聚，她们可以在公开情况下，以及与实验人员交流的框架下，讨论自己对这种分离场景的感受，包括她们的社会情感发展。

这种用于记录父母的依恋表征的最初形式，今天被定义为"成人依恋访谈"（adult attachment interview，AAI），它为成人阶段的依恋关系测量提供了黄金标准。直至今日，半标准化的成人依恋访谈由 20 个问题组成。在这种访谈中，人们被要求去描述自己与父母之间的关系，包括叙述具体的例子，以及从当下的角度来反思这些过往的经历。总而言之，这种成人依恋访谈记录了人能在多大程度上做出流畅且一致的对于父母之间关系的描述。分析会更侧重于对形式而非叙述内容的展开。

结果与解释

通过对婴儿阶段的依恋分类和 5 ~ 6 岁儿童之间的联系的各种角度的分析，研究人员发现了各式各样的内在联系。研究证明，更安全的依恋关系与更大的开放性和更好的社会情感发展有关。虽然对母亲的依恋和对父亲的依恋彼此没有关联，但是对母亲的依恋安全程度和对父亲的依恋安全程度都能作为相关的预测要素。婴儿阶段的依恋关系与 5～6 岁儿童和父母各自团聚时的行为有关。

成人依恋访谈的发现有着格外重要的意义。这个访谈证明，父母自身的依恋安全和他们的孩子在婴儿阶段的依恋品质之间存在关联。这一点在父亲或母亲身上都是一样的。这个新的发现强调了这样一个论点：在母亲与婴儿或者父亲与婴儿之间存在某种特殊的关系模式，它不取决于父母的任何一方。同时，研究指出，成人阶段的依恋风格在表征层面是可以被记录的，这种关系也与自己孩子的依恋风格相关联。

意义与评价

这个研究的核心意义在于，它迈出了从表征层面上对依恋关系进行系统记录的第一步，并在这个框架下发展出了成人依恋访谈。由此，它通过新的现象和关联拓宽了依恋理论的视角，开辟了全新的研究领域。成人依恋访谈的发展和在随后衍生出的实验（如对 8～14 岁儿童进行的儿童依恋访谈）中拓展出的新方法，为在婴儿阶段外的内在工作模式研究记录提供了新的可能。

玛丽·梅因等人的研究加深了我们对依恋安全的代际传递的认知。它一再证明在父母的依恋风格（根据成人依恋访谈）和他们的孩子的依恋风格（陌生情境实验）之间存在联系。这种联系至少部分可以用父母对孩子的敏感度来解释。总体来说，就是父母的依恋关系的品质对于他们自身的敏感度是有影响的，同时，它也对婴儿的依恋品质起到了决定性作用。安全感当然不是唯一的要素，因为人的经历和行为总是伴随着各种复杂条件的附加。但是，这种联系仍然在各种研究中被复制。最新的研究拓展了那些关注于父母的初始研究，更加仔细地探究了教育者－儿童之间联系的发展和功能。此外，还有通过预测研究来确定记录婴儿阶段的依恋安全和此后青春期的依恋安全之间的关系。当被试在各个方式（概念）下，被归类到安全型依恋或非安全型依恋，约75%的被试都与研究的预测相吻合。这个研究结论支持了"早期经历对未来进一步的发展有着长久的影响"这一假设。

成人依恋访谈不仅提供了一个可靠的新观点，而且从动态和变化的角度展现了依恋关系的表征。虽然成人阶段安全的依恋关系往往与婴儿阶段积极的经历和更具敏感度的照顾者有关，但是它并不是完全由上述要素决定的。成人依恋访谈的分析重点不在于受访者对其早年经历的描述，而在于他能多大程度一致与开放，以一种合作的方式去完成它。也就是说，尽管有着不美好的经历和不幸的童年，但只要有一个开放的环境，对其早年的经历进行处理和反思，仍有可能在成年阶段获得安全的依恋关系。为了更好地区分早期厌恶性经历和后期的依恋安全关系，需要引入"安全感补偿"（earned security）这个范畴，它强调了依恋研究和成人依恋访谈在临床和治疗层面上的重要意义。

影响

　　玛丽·梅因等人的研究拓展了依恋理论的新型研究领域和应用领域。他们通过系统地观察依恋的表征现象，并将成人依恋访谈发展为一种新的方法，为依恋理论的研究和应用开辟了一个新的领域。研究中发现的父母与婴儿安全感之间的关联性，极大地推动了对依恋关系代际传递的研究。

思考

　　1. 成人依恋访谈的发展，在多大程度上代表了依恋理论对表征概念的扩展（用玛丽·梅因等人的话来说，"向表征层面前进"）？

　　2. 他们如何解释"依恋的代际传递"这一问题？

第 7 章

自控力与延迟满足:
棉花糖实验

心理学家小传

　　沃尔特·米歇尔 1930 年出生于奥地利维也纳。1938 年，他和家人因为是犹太人的缘故，在纳粹统治之前逃到了美国。他在俄亥俄州立大学学习心理学，并于 1956 年获得博士学位。他曾先后在哈佛大学和斯坦福大学工作过，从 20 世纪 80 年代到 2018 年去世，沃尔特·米歇尔一直在纽约哥伦比亚大学担任教授。

沃尔特·米歇尔的棉花糖实验

　　在一项纵向研究中，米歇尔等人探讨了一个问题：幼儿园阶段的"延迟满足"能力是否与青春期的认知和社会发展有关联？这种延迟满足的能力可以在其经典的棉花糖实验中得到验证。这项实验以平均年龄为四岁半的儿童为研究对象，在他们成长到 15～16 岁时，实验人员会从他们的父母那里获知他们的认知能力和社会能力。通过分析可以得知，实验中幼儿园阶段的儿童等待第二块棉花糖的时间越长，他们在未来表现出的社会和认知能力就越突出，具体表现在压力环境下的自我调节和应对能力等方面。

出发点和问题导入

从 20 世纪 70 年代到 80 年代，人们对自我控制和延迟满足等现象越来越感兴趣，并从以下两个方面催生了这一研究方向：一方面是以认知为导向的理论，它们强调注意力控制和其他认知策略；另一方面则是精神分析理论对自我强化本质的思考。两股力量推进了科学界对"人如何在特定条件下尽可能控制自我，使自己不屈从于眼前的诱惑"这一问题的兴趣。沃尔特·米歇尔和他的学生设计了一项实验，即"棉花糖实验"，这是一项将被载入心理学研究史册的实验。从本质上讲，这个实验是给予儿童（通常是学龄前儿童）一块棉花糖，他们可以马上吃。如果他们等待一段时间，而不是马上去吃这块棉花糖，那么随后他们就会得到两块棉花糖。参与实验的孩子因此面临两个选择：要么马上获得小小的满足，要么稍后获得更大的满足。延迟满足的能力取决于孩子在屈从于欲望（吃掉棉花糖）之前能等待多长时间，或者他们是否能够一直等到实验人员带着第二块棉花糖回来。

米歇尔在他的第一个研究中提出了"哪些情境因素和认知策略

能让儿童更容易等待"这一问题。举例来说，当想要的物品摆放在我们面前时，等待会比让其在眼前消失更让人难熬。另一方面，分心（考虑其他事情）使等待变得容易一些。事实上，人们在对自我控制策略的认知和使用上存在差异。米歇尔等人推断，自我调节能力在日常生活中起到根本性作用，而人与人之间的差异早在儿童阶段就能被观察到，并且能对未来的人生进行预测。为了证明这一假设，这些在幼儿园阶段曾参与了棉花糖实验的孩子长到 15 ~ 16 岁后，米歇尔等人又采访了他们的父母。

实验详解

实验设计

20 世纪 70 年代，米歇尔等人在美国斯坦福大学开设的幼儿园内进行了纵向研究，参加的儿童被试的平均年龄是 4 ~ 5 岁。在实验中，这些儿童可以选择吃掉手里的那块棉花糖（按一下铃），或者等到实验人员回来（实验让孩子们等待的时长达到 15 ~ 20 分钟）以获得第二块棉花糖。研究人员会测量每名儿童各自等待的时长。由于这个研究在具体设计上有所不同，如是否有分散注意力的物品存在以及是否给出了一些指令等，因此每位儿童的等待时长表示为与小组平均值的差值。也就是说，假设小组的平均等待时长是 4 分钟，如果一名儿童在得到一块棉花糖后等待了 5 分钟才吃，那么他的等待时长就是 +1。有些孩子需要参加两次测试，最终取一个平均值。

这种方法使米歇尔等人能够在一个可比较的尺度上绘制出儿童之间的差异，尽管早期研究各有不同。通过这项实验，每名儿童都得到了一个数值，它清晰地表明，相比其他儿童，其等待时间是更多还是更少。

在大约 10 年后，研究人员再次联系了这些家庭，请他们提供关于孩子的一些信息。在这个时间节点上，这些孩子的平均年龄大约是 16 岁，与当初进行实验时的年龄相差巨大。在原来超过 600 名参加过实验的儿童中，还可以找到 100 多名儿童的家庭住址。其中大部分家庭参与了后续研究。实验人员请他们填写了以下两组问卷调查。

- 根据问卷的四个问题，家长们被要求在与其他儿童相比后评估自家孩子的能力。此外，调查表里还记录了其在校成绩、社会能力、遇到麻烦的频率和应对能力的平均值。
- 他们还被要求记录自家孩子的自我控制和自我修复能力，它们分别代表了两种架构：一方面指自我控制的基本能力；另一方面则体现了灵活地、在适当情况下的自我控制。

接下来，我们将专注于第一组调查问卷。为了分析幼儿园阶段的孩子的等待时长与其到了青少年时期的能力之间的联系，研究人员计算了相关数据。

结果与解释

实验结果表明，幼儿期的自我控制与其以后的在校成绩、社交能力和青春期的应对能力存在相关性，这些相关性显示了平均效应强度；但与出现问题的频率不存在相关性。对于男孩和女孩来说，其特征样本基本相似。参加了两次实验的儿童和只参加了一次实验的儿童的平均数值没有差异，或者只采用了第一次实验的数值（详见表 7–1）。

表 7–1　第一次实验（4～5 岁）的等待时长与到了 15～16 岁其父母评估之间的相关性

青春期评级	第一次与第二次延迟	只有第一次延迟
女孩（人数 =51）		
学术能力	0.22	0.24
社会能力	0.34**	0.28**
制造问题频率	-0.09	-0.09
应对能力	0.21	0.23
男孩（人数 =36）		
学术能力	0.32*	0.26
社会能力	0.43**	0.45**

续前表

青春期评级	第一次与第二次延迟	只有第一次延迟
制造问题频率	-24	-19
应对能力	0.25	0.23
组合（人数 =87 人）		
学术能力	0.27**	0.24**
社会能力	0.39***	0.35***
制造问题频率	0.05	0.03
应对能力	0.23**	0.23**
注意：所有的 p 值都是双侧检验。*p<0.1 ** p<0.05 ***p<0.01 ****p<0.001		

米歇尔等人将他们的研究成果解释为，早期的延迟满足能力（即自我控制以等待更大的奖励）在幼儿园阶段就展现出了相对稳定的人格特质模式。这表明个体在认知能力上的差异在早期的延迟满足以及后期的成绩方面（如应对挫折、在困难情况下坚持对目标的追求）起决定性作用，并很早就被确立下来，进而表现出了某种稳定性。

意义与评价

这项研究重塑了我们对孩子早期认知和自我调节能力与未来人生中的认知与自我调节能力的联系的认识，并且强化了人们对婴儿阶段人格发展问题的兴趣。它激发了进一步研究的热潮，大多数的研究都得出了类似的结论。其中，有展现早期自我控制与标准化的在校成绩的实验；也有探究自我控制能力与成人阶段的生理健康、更少的药物滥用和财务安全之间的关系的研究；还有从幼儿园阶段的等待时长预测未来 30 岁成年人的身体质量指数（body mass index，BMI）的研究。这些研究成果在一项针对未成年人（8～12岁）的横向研究中得到了证明。该研究使用了类似的、与年龄相适应的措施（如保留积分，以便之后获得更大的奖励，或者立刻兑现相对较小的奖励）。与正常体重或者超重的儿童相比，肥胖儿童展现了更低的自我控制能力。令人振奋的是，研究人员在不同的国家和不同的情况下都发现了这些关联性，并且衍生出了实验的多样化版本。在大量的研究发现的推动下，米歇尔和他的实验变得如此著名，以至于他们的理论在心理学史上被命名为"棉花糖效应"。

这些联系也很快引出了新的问题：如何在特殊情况下推动自我控制发展？如何在普遍情况下推动认知控制发展？事实上，米歇尔早在其一部专著中就指出了专注力策略和元认知能力的作用。在越来越关注早期发展和早期教育的背景下，近几年，人们对促进发展和干预的可能性越来越感兴趣，从而促成了一些富有成效的研究工作。他们确定了一种发展方式，即通过对教育工作者和家长层面的干预，或者对儿童自身的干预来推动发展。

尽管这些研究已经取得了丰富的成果，但也不乏一些经过深思熟虑的质疑，以及对一些基本假设的批评。在心理机制层面，一个经常被提到的问题涉及早期自我控制能力对孩子后期能力发展是如何影响的，包括如何解释 5 ~ 6 岁儿童在棉花糖实验中表现的等待时长能对其未来有着如此深远的预测？哪些心理机制在这里起作用？于是，人们在其他的研究中采用了额外的测量措施，并对数据加以分析，如在去除了其他机制和能力（如智力）的影响后（被统计控制），这种联系还能在多大程度上得以保留？研究发现，这种与后期能力建立的关联性并不是由一般智力，而主要由自我控制能力作为中介。新的研究表明，如果加入各种控制变量（如家庭背景和社会经济条件），以及早期认知能力和气质等要素，那么上小学一年级的孩子的成绩与其 15 岁时的成绩之间的联系就消失了。这个发现至关重要，因为如果社会经济地位和家庭背景二者起到决定性作用，那么对自我控制能力的干涉就不会如预期一般发挥作用。然而，这里出现的问题是，这些广泛的控制是否能抵消这些可能的传导变量（如自我控制策略、元认知能力），尽管这些变量也可能与一些控制变量相关。换句话说，如果自我控制策略由父母在儿童早期实施，并且与儿童所在家庭的社会经济条件相关联，那么自我调节策略的很大一部分差异就可以通过对这些变量的统计控制相互关联起来。总而言之，我们可以看到，尽管有着各式各样的研究成果，但是棉花糖效应仍然提出了许多开放性问题，值得发展心理学进一步探索。

从理论层面上看，米歇尔等人的贡献在于他们成功地使意志概念在经验上可被测量。千百年以来，意志薄弱的现象，特别是违背更好判断的行为，一直是欧洲思想史中充满争议的话题。为什么人会做（不做）某事，尽管他已经知晓从自身利益出发应当采取不同的行动？在《普罗泰戈拉篇》（Protagoras）中，柏拉图借苏格拉底之口表达了这样一个观点：缺乏洞察力和知识，是所谓意志薄弱的基础。用今天的术语，人们把它解读为一种"认知解释"。亚里士多德则推测，知识是存在的，但被欲求所抑制，并且缺乏行为引导。这暗示了对这种现象更有效的解释。这些思考直至今日仍困扰着人们。如何对意志薄弱这种现象进行概念化的诠释？棉花糖实验和它的修正为人们提供了一种方式，从而使意志薄弱这种现象通过实证方式得以证明。

这不应给人错觉，即米歇尔关注的是对绝对自我控制的赞扬、对需求和欲望的持续抑制，甚至对欲求的敌意。准确地说，米歇尔关注的重点是自由的发展，即自我能否决定是否以及何时屈从于自身当下的欲望，或者是否能进行另一种选择。只有当我们有足够的自控力时，我们才能自由地决定，而不是在此时此刻无助地被欲望摆布。用隐喻来说，在自由的空间里，我们能自我控制，而不是被内在的欲求和外在的刺激所驱使。

◢◤ 影响

关于棉花糖实验的研究表明，幼儿期的自我控制程度与青春期和成年期心理社会适应的多项指标之间存在关联性。与此同时，研究人员通过这项实验将注意力尤其集中在了自我控制发展的技能和策略，以及相关的发展选项和干预选项之上。该实验的简便性和清晰性，以及它广泛的联系性，使其被视为发展心理学的经典实验。

思考

1. 针对儿童在棉花糖实验中的行为与其未来的发展之间的关系，有哪些纵向研究成果？

2. 在多大程度上，人们可以说"人类的自由问题是自我控制研究的核心"？

第 8 章

为什么有些婴儿看到其他婴儿哭，
自己也会哭：情绪识别实验

心理学家小传

卡罗琳·扎恩－沃克斯勒先在美国威斯康星大学学习心理学，1967 年获明尼苏达大学博士学位，现为威斯康星大学麦迪逊分校心理健康中心的心理学荣休教授。

💡 **卡罗琳·扎恩－沃克斯勒对共情早期发展的研究**

在一项纵向研究中，卡罗琳·扎恩－沃克斯勒等人探究了刚出生几年的幼儿的共情反应。他们研究了儿童是如何对他人的痛苦情绪表达做出反应的。研究人员专注于孩子的三个年龄节点：第一个是孩子 13 ~ 15 个月的时候，第二个是 18 ~ 20 个月的时候，第三个则是 23 ~ 25 个月的时候。其中，更年幼的孩子在目睹压抑或悲伤的人时会更容易陷入压力状态，并且很少表现出共情和亲社会行为。在出生后的第二个年头，孩子们逐步表现出更少的压力，并展现了更多的关心表情，也可以看到一些亲社会行为的存在，如安慰或说好话。总而言之，研究的结果证明，对他人的关心和怜悯基本上从出生后的第二年开始逐渐发展起来，并且，最初对自我情绪的强烈关注越来越多地被那些与他人相关联的、以解决问题为导向的行为所替代。

出发点和问题导入

这项研究可以看作发展心理学中的一个核心实验，因为一些早期理论观点（如弗洛伊德的精神分析理论或者皮亚杰的理论）都认为婴儿是以自我为中心的，也就是说他们并不考虑其他人的感受，并按照他们的利益行事。根据弗洛伊德的研究，婴儿专注于满足自身的需求，专注于调节自身的快乐与不快乐体验。然而，人们对这一观点的质疑越来越多。首先，早在 20 世纪 70 年代至 80 年代，马丁·霍夫曼（Martin Hoffman）就提出了针对共情发展的系统思考。根据霍夫曼的理论，共情作为人的一种能力，在其出生后的第一年就逐渐发展起来了。霍夫曼认为，共情在一个阶段内与儿童的社会认知能力紧密联系，并且它在自我与他人之间越来越大的差异化方面起了作用。婴儿出生后的第一年就会被他人的情绪所感染（情绪感染）。举例来说，当婴儿感受到其他人在哭泣时，他也会开始哭泣。当然，这还算不上共情反应。儿童两岁以后，越来越有能力去关注他人的感受，并且不会被它们所控制。除此之外，儿童开始理解他人的消极状态，并且能相应地做出充分的反应，这就是所谓的共情。尽管理论上认定共情行为的发展最早从人们出生后的第二年开始，但截至目前仍只有少量的经验性工作。扎恩－沃克斯勒等人的研究整合了不同的方法，并能够从更系统化观察的角度出发，这是该研究值得我们关注的地方。

概念聚焦

比绍夫－科勒（Bischof-Köhler）提出的重要概念

1. 情绪感染：观察者感受到与另一个人相同的情绪，却没有意识到对方是这种情绪的来源。大多数科学模型认为，情绪感染是无意识或者自动实现的。

2. 共情：通过分享他人的情感状态，从而理解它的体验。当事人很清楚这种情感源自他人。

3. 情绪观点接受：对他人的情绪状态进行认知探索。

4. 同情：分享他人的苦痛，伴随着消除痛苦根源或安慰受难者的冲动。

5. 亲社会行为：使他人受益的行为。亲社会行为可以由不同的动机（也包括自私动机）和思考引起。根据共情－利他主义假说，共情是利他、亲社会行为（即无私）的一个重要元素。

卡罗琳·扎恩－沃克斯勒采用纵向研究的方法，研究了个体在出生后的第二年开始的共情行为。他们还研究了在另外几个年龄节点上儿童对感知到的痛苦以及自我造成的痛苦的反应。一方面，研究人员要求孩子的母亲记录下对孩子的日常观察，从而能够系统地评估这些信息。另一方面，扎恩－沃克斯勒也在实验室中对孩子进行了对照观察研究，具体方法是让孩子们面对假装痛苦或者不适的人。此外，她还通过对孩子自我认知的镜像研究，来记录孩子对自我与他人差异的认知。

实验详解

实验设计

由于整合了不同的测量方式，卡罗琳·扎恩－沃克斯勒的整个研究的设计相对复杂，其大部分调查都是在家庭居所进行的。孩子的母亲被要求每天进行观察，并用录音机记录她们的孩子对其他人的情绪会做出怎样的反应。这些情绪可以是她们感知到的，也可以是孩子自我引发的。除此之外，孩子的母亲还要定期模拟各种情境（如假装受伤），并记录孩子的反应。在孩子特定的年龄节点上，母亲的疼痛模拟会被实验者用录像的方式记录下来，以进行系统评估。在孩子出生两年内的三个年龄节点分别是一岁多、一岁半前后和两岁左右，研究人员会对母亲们的观察记录进行系统评估。研究中，两岁大的孩子会在实验室中接触到各种不同的角色，这些人会模仿各种痛苦或悲伤的情绪。除了孩子的母亲外，还会出现陌生人（如成年主试）以及用磁带播放的其他婴儿的哭喊声。

在这三个年龄节点上，研究人员还会通过几个任务来探究孩子自我认知的能力，包括经典的镜中自我识别的实验。在这个实验中，孩子的鼻子会在不经意间被人用口红涂抹上红色的点。然后，研究人员会记录孩子站在镜子前是否会触摸自己的鼻子或者表现出其他行为，而这些行为恰恰都被视为自我认知的表现。

根据孩子的不同反应，研究人员编制出不同的量表，其中有四个量表格外有趣。第一个量表测量了共情性关注的程度，它呈现了一种对他人共情反映出的情感激发状态，可以通过面部表情（如怜悯的眼神）和其他与之相适应的话语来识别。第二个量表涉及假定测试，通过刻画一些行为模式反映孩子对环境的认识，包括对环境的言语描述和非语言的行为模式（如手势）。这两个量表中的第一个呈现了共情更多的感性侧面，而第二个量表则被视为共情认知的一个侧面。与这两个量表相对的是第三个量表——自我压力量表，该量表描述了负面情绪和自身不适（如孩子的呜咽或哭泣）。第四个量表则关乎亲社会行为，表中涉及的行为模式是以他人为目标的助人行为，如轻抚或说好话等安慰性行为。

结果与解释

对该实验的分析表明，共情性关注、假定测试和亲社会行为都是在儿童出生后的第二年逐渐发展起来的，尤其当他们观察到他人的痛苦时，而当痛苦是他们自己造成时，这种情况则不那么明显了。大部分两岁大的儿童都表现出了各种亲社会行为，这些行为方式都是彼此相互关联的。越强的共情性关注，越具体的假定测试，儿童展现出的亲社会行为就越多（如图 8-1 所示）。

图 8-1　一名幼儿面部的同情表情

在出生后的第二年，当儿童观察到了他人的痛苦（痛苦不是由本人造成的）时，在某种情境下他们会表现出自身压力的减退，但是在数据上，这种减退并不明显。并且，自我认知能力的明显提升也是从两岁后开始的。随着孩子年龄的增长，他们需要解决更多与自我认知相关的问题。与研究人员的预期一致的是，儿童自我认知能力和共情反应的程度，以及亲社会行为之间存在联系。在一岁半至两岁之间，孩子的这种共情和亲社会行为都展现出了部分适度的稳定性。这意味着那些一岁半左右就表现出更多的共情和亲社会行为的儿童，在两岁后做出这种行为的可能性将会翻倍。

扎恩－沃克斯勒的研究还探究了两岁幼儿在面对不同人（面对其母亲、陌生的研究人员和其他幼儿）的痛苦和悲伤时的反应。研究表明，幼儿无论面对的是谁，都表现出了共情性关注和假定测试。但只有在面对母亲时，他们才会表现出亲社会行为。这说明共情性关注并不限于熟悉的人。同时，要将这种关注转化为实际行为则与其熟悉和信赖的程度相关联。

总而言之，该研究证明了一个理论，即共情性关注和亲社会行为是在儿童两岁后发展起来的。这种共情性关注和亲社会行为的联系与共情－利他主义假说一致。它表明，共情会增加亲社会行为（利他）的倾向。同时，该研究还为这一假设提供了自我与他人区别发展的各种证据。这种初级的自我认知是产生共情的前提条件。只有儿童将负面情绪归因于他人时，他才能够相对地产生共情和亲社会行为。

意义与评价

这项研究的意义在于，它放弃了弗洛伊德和皮亚杰理论的核心假设。尽管这两者之间有各种不同，但是它们在基本假设上是一致的，即婴儿是以自我为中心而存在的，他们不能共情他人的情绪状态，也不以关爱的方式行事；相反，扎恩－沃克斯勒等人的研究表明，儿童共情性感知和亲社会行为等核心方面会在两岁后得到发展。当孩子观察到了其母亲的痛苦时，他们会表现出关心的面部表情和行为方式，如安慰和说好话。他们在面对陌生人时也会表现出共情性关注的表情。尽管他们的这种共情和关怀还仅仅以初级形式存在，但也使得纯粹的自我中心主义论点不能再维持下去了。

这项研究及其他相关研究将焦点集中在行为方式的感性方面。从最广泛的意义上讲，这归属于道德领域。参照康德的道德哲学思想，劳伦斯·科尔伯格（Lawrence Kohlberg）及其后继者，也包括他的批评者，主要关注道德的认知层面，特别是道德判断的发展。于是，他们向被试展示了遵循规则或违反规则的人的行为方式，并要求他们做出评价；相反，扎恩－沃克斯勒等人专注于人类道德发展的情感层面。他们证明了人的道德性的基本形式，并不需要复杂的认知构造。尽管有充分的理由假设道德判断是人类道德的核心维度，但是共情研究正确地将注意力引向道德发展的情感基础上。基于这项研究，道德情感的发展问题，如愧疚和悔恨，越来越成为研究的重点。

该范式和特定的行为量表（如共情性关注、假定测试）已经被广泛接受，并且被用于大量的后续研究中。与一般的调查问卷相比，它们允许对关怀行为进行行为学评估。举例来说，纵向研究专注于解决更广泛年龄区间内的个体间差异的稳定性问题。研究人员发现，个体在婴儿阶段就展现出了从弱到强的相关性。2014 年，金鲍姆（Kienbaum）证明，5 ~ 7 岁的孩子存在更高的稳定性。也就是说，共情或怜悯心的差异早在孩子幼儿园阶段就已经形成了，并且这种差异至少在整个童年阶段都保持稳定。

进一步的问题涉及发展心理学的基础和共情行为的早期相关因素。双生子研究表明，在发展过程中，遗传因素对共情行为的影响增加，而共同环境的影响减少。其他研究则证明，孩子的共情行为与照顾者的行为相关。研究人员发现，幼教工作者的温暖、关怀行为与儿童的共情行为之间存在相关。此外，父母和儿童的情感交流（也就是说，这些交流多少涉及了情感状态）与儿童的共情行为之间存在相关性。虽然这只是一个相关研究，但也证明了一种可能，即情感交流可以有效地促进共情的发展。

扎恩－沃克斯勒等人的发现与其他人的研究一起，将目光投射到了共情的前心理过程上，特别是"情绪感染"。婴儿究竟是如何普遍地被他人的情绪所感染的？也就是说，当别人哭的时候，为什么他也哭？或者当别人笑时，他为什么也跟着笑？这个问题与模仿能力的发展相关。权威的理论模型假设，情绪感染是可以通过学习机制进行传导的。就他们个人的经验而言，悲伤的情绪状态与特定的外放声音（如婴儿的哭泣声）相关，因此它与学习规律相关联。如果儿童在此后的某种情况下听到了类似声音，那么与其相关联的情绪状态也会被触发，也就是"情绪感染"。但是，直至今日，仍很少有研究能系统地探究婴儿期的情绪感染的心理学基础。

围绕"自我－他人－差异化"的获得与共情产生之间的假设联系已经引起了一场令人兴奋的争论。虽然扎恩－沃克斯勒等人和其他的研究也发现了相关性，但并非总是如此。在最近的一项研究中，研究人员只在德国样本中发现了镜像自我认知与亲社会行为之间的联系，而在另一个印度样本中却没有发现这种相关性。这可能是因为这种自我认知和共情之间的联系传达的是特定的西方发展途径，因此不适用于不提倡个人主义的传统文化。换句话说，这可能表明，存在其他特定文化的发展途径。但是，对这种诠释并非没有异议。

综上所述，我们看到了围绕共情的社会及认知起源的振奋人心的论述，在未来若干年其将继续在发展心理学领域占有一席之地。

影响

扎恩－沃克斯勒等人的这项研究为生命初始几年的社会情感发展提供了新的认识。婴儿不是纯粹的以自我为中心的存在，而是从两岁起就能够参与他人的感受，并形成共情。这种自我与他人的差异性在整个过程中起到了重要作用。由于这项研究的高度系统性和对不同儿童反应广泛的归纳，它至今仍然被视为发展心理学中的一个里程碑。

思考

1. 扎恩－沃克斯勒等人从他们研究中发现了哪些发展趋势？

2. 这些发现在多大程度上描绘了一幅与弗洛伊德或皮亚杰的方法不同的关于幼儿的情感蓝图？

第 9 章

婴儿是如何做到快速掌握一种语言的：
婴儿统计学习能力实验

心理学家小传

珍妮·扎弗兰（Jenny Saffran）先后在美国布朗大学和罗切斯特大学学习心理学，并获得博士学位。自 1997 年以来，她一直在威斯康星大学麦迪逊分校教授心理学。

扎弗兰对婴儿统计学习的研究

在出生后的头两年，孩子的成长往往取得了令人惊叹的进步。他们获得了关于世界的基本认知和母语的基础知识。这些快速的发展是如何实现的呢？扎弗兰等人提出了一个假设：婴儿具有识别他所处环境中的可被统计的规律性和结构的突出能力，并且这种统计学习的能力可能是他们学习发展的基础。他们在一个语言习得的研究中探究了这一假设。为此，研究人员在两个实验中向婴儿们首先展现了一连串的音节（如 bidakupadotigolabubidaku），其中，个别音节会有规律地重复出现（此处指 bidaku）。在实验阶段，一段序列会被呈现：要么是遵循音节序列的（如 bidaku），要么是产生变化的（如 dapiku）。婴儿表现出更多的、对原始音节序列进行变化的音序的关注，这表明他们在出生的第一年就能够从所处环境中发现统计规律性，并具备从中进行学习的能力。这可以是超越了语言限制的核心机制，承担起了婴儿在出生第一年快速获取知识的能力。

出发点和问题导入

研究婴儿语言发展的一个核心问题是，他们是如何快速掌握母语的基本结构的？语言作为一种难以想象的复杂现象，由数以千计的词汇组成，这些词汇根据不同的词性彼此存在非常大的差异，如"他现在过去了""他以前去过""他已经去过了"，这些词汇被整合到一个由各种声响和声调构成的连续序列中。

每一个能把外语当作母语进行交流的人，都明白要想完全分辨每个不同的词汇会有多困难。作为一名成年人，尽管困难重重，我们至少掌握一种语言，并以此来获取大量关于我们的世界的知识。那么，婴儿又是如何能够在出生后两年内，就获得语言的核心要素，以至于能在 18～24 个月大的时候，就掌握了 200 个词汇，在三岁大的时候掌握了基本的语法结构（如主谓宾结构）的呢？

针对这一问题，我们可以在转换－生成语法理论中找到经典的答案，它基本上可以追溯到乔姆斯基（Chomsky）关于语言能力的天赋性和创造性的理论。乔姆斯基考虑的出发点是"刺激贫乏论"，根据他的观点，外部信息的输入是不足的（即"贫乏"），并且不能明确地解释快速的知识获得和语言使用的高度灵活性（如快速造句和理解的能力）。该理论假设，存在一种先天的普遍语法深层结构，这使得婴儿能够快速习得各自的母语。这个结构包括对语法规则的基础认知和部分对语言的一般认知，如由主谓宾构成的句子。这个深层结构提供了一个框架，自然语言在其中可以随意变动，它因此也引导了儿童的学习历程。这个假设，即习得一门有着复杂结构的语言，绝不可能仅在日常的学习过程中完成，而是必须建立在一个先天认知以及先天结构的基础上。长时间以来，这些研究都占据了早期语言习得的主导地位。

在这个背景下，扎弗兰等人的工作对婴儿的学习能力做出了极具意义的探究。他们提出了一个问题，即婴儿是否能够纯粹基于外界的信息输入来认识规律性。他们的具体问题是："婴儿是否能从日常源源不断的语言——他们每日嘴里嘟囔的无意义的音节中，认识到不同的词汇？"于是，扎弗兰等人提出了一个假设，即婴儿在语言上运用统计规律性来识别单词。例如，构成单个词汇的音节会比那些构成不同词汇的音节，在一个特定的序列中更频繁地出现。换句话说，在人们不对先天认知进行假设的情况下，婴儿是否能够解决语言习得的一些问题。

为了研究这个问题，他们让八个月大的婴儿面对一连串的音节构成的序列，一些音节在其中会以固定的顺序出现，因此成为一种可识别的"词"。令人兴奋的问题是："婴儿是否能理解这种规律性，以及那些在连续性的音节流中，因引起规律性的存在而被识别出来的'词汇'？"

实验详解

实验设计

这项研究由两个实验构成：实验一记录了八个月大的婴儿对已知事物的反应；实验二则记录了对先前反复听的音节序列进行改变的或仍然保持原样的音节的反应。两个实验都遵循了相同的结构，并且使用了所谓转头偏好法。

概念聚焦

转头偏好法

转头偏好法是用于研究早期语言发展的经典方法之一。与习惯化和违背预期范式类似（参见第 5 章），因为它假设婴儿会更留意新的刺激源。孩子们坐在一个特殊的小隔间内，在他

们面前摆放着一盏灯，在其左侧和右侧的墙上也各有一盏灯和一个扬声器。

　　在熟悉阶段，为了让婴儿熟悉特定声音，他们的注意力首先会被中间的灯吸引走，随后两侧的灯开始闪烁（也就是概念"转头"）。与此同时，扬声器里播放各种听觉刺激源，直至他们的注视时长低于预先设定的标准（比如说超过两秒看向别处）或预定的时长已经过去。只要婴儿看向别处的时间长了，或者总的时间过了，灯就会熄灭，录音也会停止，整个实验结束。经过一定量的熟悉测试后，测试阶段正式开始。在测试阶段，经过几轮测试，他们每次的注意力都会分别被侧灯吸引。在这些实验中，会有熟悉的听觉刺激（来自熟悉阶段）和新的刺激源的提供。相比已知的刺激源的测试，在新的刺激源（不熟悉的）的实验中，婴儿会注视更长的时间。这说明，婴儿能够从已知的刺激源中区分出什么是新的。

　　在第一个实验中，婴儿需要在两分钟内熟悉一个音节序列，包括四个三音节人造词汇（如 bidaku），它们以随机顺序反复播放。音节的发音是平均的，因此在每个音节之间都没有音调或停顿的差异。由于三音节的词汇总是按照同样的序列完成，设定一个完美的概率为 p=1，比如在 bidaku 这个词中，da 肯定跟在 bi 的发音后；与此同时，其他所有音节之间的转换概率为 p=0.33。整个实验包括 12 个测试，它们被随机呈现，婴儿的注视时长同时被测量。在其中的六个测试中，那些在熟悉阶段已知的词汇会被反复呈现。而在另外六个测试中，则给予新的词汇，它们是熟悉阶段已知的音节的新组合。如果婴儿能够在两分钟内识别出音乐系列中有规律地重复出现的词汇，就会在新的音节上注视更长时间。

第二个实验采用了与第一个实验相同的结构。它最大的区别则在于，在测试阶段，已知的词汇要与"部分词汇"进行比较。所谓部分词汇，是由熟悉阶段已知的词汇的后几个音节和其他已知词汇的前几个音节共同构成的。因此，三个音节的构成是新的。相比实验一，实验二提供了更严格的测试。

结果与解释

两个实验表明，婴儿会花更多的时间听新的词汇。也就是说，他们能够在区区两分钟的熟悉阶段里，分辨出那些有规律的、反复出现的音节组（"词汇"），并将它们与新词组合（实验一），同时与类似的部分词汇相区分（实验二）。这表明，婴儿一岁就具备了显著的统计学习的能力。

意义与评价

这项研究的重要意义在于，它将语言发展核心理论中的一个重要假设问题化了。研究证明，婴儿具备识别统计规律性的能力。因此，他们能够从连续性的印象中分离和识别出词汇。假设婴儿具备比想象中更强的统计认知能力，就没必要假设某种先天认知，用以解释孩子的快速发展。这也意味着婴儿比之前预想的更能通过经验，即通过对所处环境的观察和仔细聆听学到更多东西。这种能力还能发现彼此相距较远的句子成分之间的规律性（所谓非相依性）。比如说，当主语是复数时，则动词也应当是复数形式，并且能够在句法习得的过程中起到重要作用。

这种统计学习能力在许多研究中被再现，并且扩展到了更多领域和维度。尽管扎弗兰等人最初的研究仅限于音频材料和语言，但进一步的研究则表明，婴儿在视觉规律、面部特征或空间模式方面同样具有类似的学习能力。这种识别模式的能力使其在对他者的行为的认知发展中起到关键作用。最新研究表明，孤独症谱系障碍儿童即便可能受限也具备这种能力。基于统计学习在不同领域代表的广泛意义，人们将其定义为一种跨领域的普遍学习机制。

鉴于这种能力的美妙之处，让我们不禁产生一个疑问："为什么我们作为成年人很难做到那些婴儿可以毫不费力做到的事情呢？"当下的一个解释是，恰好是幼儿期缺乏认知控制这个事实对此起到了关键作用。神经认知研究表明，前额叶皮层在认知控制方面发挥了重要作用，它的特点是发展缓慢。这与婴儿的自我控制和行为控制能力发展不良有关（参见第 7 章）。认知控制导致其个体不仅生活在当下，还能追寻目标和计划。这不仅包括长期目标（如获得某所大学的毕业证书或学位），也包括短期目标（如在咖啡店结识朋友或烹饪特定的菜肴）。在这些计划的引导下，人们规划了自己的日常活动和信息摄入，使其为实现自身的目的而服务。当我们穿梭于城市中，只为了与一位友人在咖啡店见面，我们必须要接收的信息包括注意交通路况、是否需要避开另一位行人，或者天气是否会有变化；除此之外，我们或许还要思考，今晚做些什么或者还有什么其他事需要去做？

婴儿则毫无规划地生活，这意味着他们极易被分散注意力，并且能够更开放地直面那些流动的感官印象。这使他们更能观察到自身环境中的规律性，并且自主地学习。事实上，神经认知研究表明，婴儿并非成人，能够通过纯粹的听觉来认知那些语言学习中的隐性规则。相反，成人只有在明确它的存在下进行关注。最新的研究证明，在 2 ~ 4 岁，这种自主的规律认知能力在某些方面已经开始退化。这说明，在认知发展的进程中，自主的统计学习过程和认知控制过程存在一个复杂的相互作用。这部分解释了为什么学习一门新的语言对婴儿而言是那么容易，但对成人而言却显得那么困难。

影响

扎弗兰等人的发现为婴儿的学习能力提供了一个全新的视角。这项研究工作的发现和基于它完成的研究表明，婴儿具有令人印象深刻的学习能力，他们比想象中更能通过经验习得知识。基于这种新的视角，以及受这个视角启发并以此为基础建立的诸多研究计划，这个研究被视作发展心理学的一个关键实验。

思考

1. 基于哪一种研究发现，婴儿的统计学习与语言发展的理论相关？

2. 珍妮·扎弗兰等人是如何研究婴儿学习能力的？

3. 如何解释成年人明显表现出比婴儿较差的隐性学习统计规律的能力？

第 10 章

婴儿如何准确地感知和处理他人的行为：
泰迪熊和小皮球实验

心理学家小传

阿曼达·伍德沃德（Amanda Woodward）在美国斯沃斯莫尔学院学习心理学，1992 年获得斯坦福大学博士学位。目前，她是芝加哥大学发展心理学教授。

伍德沃德对婴儿目标理解的研究

在对 5 ~ 10 个月大的婴儿进行的一系列四次实验中，阿曼达·伍德沃德对婴儿如何感知和处理他人的行为进行了研究。她的核心问题是"婴儿是否更喜欢对观察到的动作（如用手握住物体）进行编码，而忽略了其他时空面（如准确的运动路径）"。实验表明，当婴儿观察抓握动作时，他们会特别注意被抓握的物体。当这个动作是由无生命的物体执行时，他们更有可能注意到运动的路径。该研究被认为是对"人类行为的目的性的理解早在婴儿期就形成了"的证据。

出发点和问题导入

阿曼达·伍德沃德指出，研究该问题的背景是，很明显即使是刚出生一年的婴儿也对物理世界的规律性有了基本的期望（参见第 5 章）。此外，婴儿对人的反应不同于对物体的反应，而且他们对社会环境有期望。依恋理论的研究也表明了这一点：通过互动体验，婴儿对照顾者的行为建立了期望。例如，当他们感到悲伤时，他们能得到多大程度的安慰（参见第 6 章）。因此，婴儿如何准确地感知和处理他人行为的问题，引起了心理学家的极大兴趣。初期的研究已经开始使用注视时长测量作为研究儿童早期行为理解的一种方法。

人的行为与物体运动之间的关键性区别在于，前者的所谓意向性（相对于物理环境的反射或事件），其特征是目的性，即人类的行为是指向一个目标的。他们之所以这样做是为了实现某些目标。如果某个目标不能以某种方式达成，则可以尝试另一个行动，但该行动与物理世界中的事件有所不同。一个球落在地上，并且（如果没有附加力作用在它身上）总会遵循相同的运动路径，它没有故意的目标。由于婴儿从小就面临着他人的行为，阿曼达·伍德沃德想知道，婴儿是否已经对行为的目标指向性有了基本的了解。换句话说，婴儿是主要关注他人的目标，还是感知到一个行为的运动路径？

实验详解

实验设计

婴儿最熟悉的物体定向动作类型包括抓握物体。在日常生活中，他们会观察父母如何使用物体与自己玩耍、准备食物、打扫卫生等。此外，他们甚至在出生的头几个月就学会了伸手去抓握东西。因此，将抓握作为研究幼儿对行为理解的中心范式是有意义的。

本研究由四个独立的实验组成，均遵循相同的结构，并使用习惯化范式（参见第 5 章）。下面将对第一个实验进行更详细的描述，而进一步实验的核心结果将仅限于此提到。在第一个实验中，两组 8 ~ 10 个月大的婴儿（每个小组 *n*=16 人）。孩子们坐在一个木偶戏台前，戏台上有两个物体：一个是泰迪熊，另一个是小皮球。

实验的第一组婴儿在数次测试（即连续性的）中，首先会观察到帘幕是如何升起的，以及从右侧伸出来的手是如何抓住其中一个物体的（如图 10–1 所示）。接下来，不同的测试内容平均地呈现在儿童面前，包括手抓住的是小皮球（如图 10–1a 所示）还是泰迪熊（如图 10–1b 所示），以及抓住的目标物是摆放在戏台的左侧（如图 10–1c 所示）还是右侧（如图 10–1d 所示）。在手触碰到目标物时，研究人员就开始测量孩子观看的时间，当孩子把视线从"木偶戏"

图 10-1　伍德沃德第一次实验的结构示意图

移开超过 2 秒或他们的观看时间超过 120 秒，单次测试就结束。这
些习惯化测试会不断重复，直到这些婴儿形成习惯化。也就是说，
当这些孩子在连续三次的测试中，其观看的时间已经少于最开始的
三次测试中的观看时间的 50%（6 秒），或者已经进行了 14 次连续
测试，整个习惯化范式实验就终止。

　　测试阶段从熟悉实验开始，婴儿再次看到熟悉的物体，不过
这次物体摆放的位置进行了互换。接下来是六个决定性的测试，即
手再次出现在戏台上，抓住其中一个物体。其中的三个测试是手抓
住同一物体，即有着相同的目标或者采取相同的运动路径。换句话

说，在这三次测试中，手抓住了之前抓过的相同物体，但必须选择不同的运动路径（旧目标 / 新路径事件）。在另三个测试中，手在相同的运动路径上移动并抓住另一个物体（新目标 / 旧路径事件）。这两种类型的测试交替进行，以平衡儿童之间的第一次实验类型。根据婴儿观察新奇事件的时间更长的研究结果，阿曼达·伍德沃德认为，对人类行为的目标性理解应该反映在长时间观察手抓取新物体的测试实验中（新目标 / 旧路径事件）。但是，如果婴儿更倾向于观察运动的路径，那么他们应该在实验中长时间观察那只手如何选取新的运动路径（旧目标 / 新路径事件）。

对于第二组婴儿，实验是以完全相同的方式进行的，只是人手被一种与人类手臂大致相同的棍子代替。也就是说，孩子会看到棍子是如何从木偶戏台右侧移动并反复接触其中一个物体的。

结果与解释

对测试实验中婴儿注视时长的分析表明，在测试阶段，孩子观看手抓住新物体的时间要比看抓住旧物体但走新的路径的时间要长得多。在用棍棒替代手的情况下，孩子的注视时长没有什么差异。

阿曼达·伍德沃德将这一发现解释为她的假设的证据。这就是说，即使婴儿也关注人类的行为目标，但观看新目标 / 旧路径事件的时间更长表明，与人手抓住旧目标物沿着新路径运动相比，孩子更惊讶于人手抓取新目标物。事实上，这种效应只存在于我们人手去抓握物体上，而不存在于类似的物体（棍子）上。这一事实表明，婴儿能够清楚地区分人类的行为和无生命物体的运动，并只期望在前者中找到目标。而在另外三个实验中，在六个月大的孩子身上证实了这一发现，在五个月大的孩子身上也显示出类似的趋势。

意义与评价

阿曼达·伍德沃德的研究是第一个着眼于社会理解的早期发展，并通过系统实验研究婴儿在多大程度上区分人类行为和无生命物体的运动。在习惯化范式的背景下，许多研究都得出了即使是年幼的儿童也有理解他人目标的偏好这一基本发现。

这项研究掀起了一股关于婴儿如何理解行为和理解背后的心理机制的研究浪潮，而范式本身也是这项研究可以被视为经典的另一个原因。这一问题的许多后续研究，都使用了相同的实验范式（即习惯化于一个与物体相关的动作，然后是不同的测试实验，每次都会改变刺激维度）来澄清他们的问题。研究的普及和这种范式的突出地位导致了这样一个事实：在婴儿研究中，只有"伍德沃德范式"还在被谈论。

然而，开放性问题涉及了研究结果的确切解释和心理基础，而且对于婴儿如何代表他人行为目标的观点，他们的解释大相径庭。

一个核心的问题是："孩子们是否在具体的、与物体相关的层面上（即手总是伸手去拿小皮球）或者他们是否归因于精神状态（即这个人的意图是去拿小皮球）上进行了编码？"根据伍德沃德自己的解释，他们的研究结果表明，即使是婴儿也能理解意图："婴儿将意图理解为独立于特定的具体行动而存在，并存在于个人内部。"这种方法也被称为"丰富的解释"，因为它假定婴儿已经对心理状态有了基本的了解。也就是说，小孩子对他人的心理内在生活的理解程度相对较高。其他的解释认为，这些发现可以用联想学习的形式或在感性的层面上加以解释。婴儿已经知道手会用物体做某些事情，因此他们会更加注意物体；他们将球和手联系在一起，当突然出现新的刺激组合时，他们会感到惊讶。根据这一理论，婴儿对行动的早期理解是建立在对行为规律的统计学习的基础上的；对他人心理状态的更深入的理解，会在后来得到发展。这种方法被称为"精益的解释"。一方面，基于最近的研究，我们对行为的发展理解有了更深入的了解；另一方面，对于如何准确地描述这种理解，仍然存在开放的理论问题。

另一个问题与新技术的使用有关。如今，眼动追踪方法可以精确记录视觉注视和眼球运动，从而更精确地研究婴儿的行为知觉。一些研究表明，婴儿会预期他人的行动目标，这表明婴儿理解他人行为的目标导向性。然而，也有相悖的发现。道姆（Daum）等人进行的一项研究使用了动画（如一条自行移动的鱼）代替了手，却得出了相反的结果。在这项研究中，只有 36 个月大的幼儿才表现出了目标导向的预期，而年龄较小的孩子则没有表现出类似的预期。甘马耶（Ganglmayer）等人也在一些实验中发现了对运动路径（而不是目标物）的预期。尽管在一些实验中，出现了人手进行的抓握动作。

目前，尚不清楚如何解释这些异质性的发现，以及如何解释习惯化范式与预期测量之间的差异。也许这与这样一个事实有关，即在习惯化范式的背景下，仅回顾过程被记录下来（即婴儿的注视时长是在某事发生后测量的），而预期涉及对未来事件的预测。在什么样的条件下婴儿会预期他人的目标，这仍然是一个悬而未决的问题。

影响

阿曼达·伍德沃德的研究是对婴儿行为理解进行系统探索的出发点。她不仅提出了问题，即婴儿在多大程度上能区分人类的行为与单纯的物体运动，而且也建立了至今在发展心理学中具有重大影响的方法。因此，阿曼达·伍德沃德可以被看作发展心理学的现代大师。

思考

1. 描述两种类型的实验，并解释"为什么只有将这两种类型的实验结合起来回答研究的问题才是合适的"。

2. 为什么重要的是，要证明这种效果只发生在人手抓握物体的情况下，而不是用棍子替代人手的情况下？

3. 伍德沃德研究结果的"丰富的解释"与"精益的解释"有什么区别？

第 11 章

婴儿会不会"理性地模仿"：
用额头开灯实验

心理学家小传

捷尔吉·盖尔盖伊（György Gergely），1953 年出生，曾在伦敦和纽约学习心理学，1986 年在纽约哥伦比亚大学获得博士学位。目前，他在位于匈牙利布达佩斯的中欧大学任心理学教授。

盖尔盖伊对婴儿社会学习心理机制的研究

在一项以 14 个月大的婴儿为对象的实验中，捷尔吉·盖尔盖伊等人想探究，婴儿是否在参考观察到的动作的情况下灵活地模仿它们。他们的核心问题是，婴儿会不会"理性地模仿"，即他们是否会考虑以某种奇怪的方式来做事情时要有充分的理由。实验中，研究人员让婴儿观看一个人用自己的额头触碰灯的开关，这个人这样做似乎有其充分的理由，因为这个人双手抓着一条毯子（双手被占用的情景下）。而在另一个情景下，这个人的双手没拿什么，但无法搞清楚为何他没有用手，而是用头去开灯（双手未被占用的情景下）。与双手被占用的情景相比，在双手未被占用的情况下，会有更多的孩子模仿这种不寻常的行为。盖尔盖伊等人由此得出的结论是，即使是婴儿也期望其他人的行为理性且有效。他们会考虑所观察到的行为的合理性，从而以一种适应环境的灵活方式控制自己的模仿行动。

出发点和问题导入

这项研究源于"婴儿如何获得对他人行为的理解"这一问题。根据"民间心理学"（也就是我们所说的日常生活中的心理学）的说法，人们是通过行动以及导致行动的信念和欲望实现理解彼此的（参见第 4 章）。发展心理学的经典研究表明，这种理解最早在孩子 3 ~ 5 岁期间发展而来。这里还有一个悬而未决的问题："这种理解是基于哪些发展心理学的基础？以及婴儿（包括前言语时期）又是如何理解行为的？"先前的一些研究证明，婴儿在理解他人的行动时，不同于他们对物体运动的理解。例如，他们可以预测行为的目的。这是否意味着婴儿有对行动意向性的初步理解或者他们能够在无须考虑其心理状态的条件下去理解行为？

捷尔吉·盖尔盖伊及其同事盖尔盖伊·奇布劳（Gergely Csibra）提出了一个理论模型框架。根据这个模型，心理理论的发展是建立在对一个有先行的目的论的行动的理解上的。"目的论"这个概念描述了一种理念，即任何行动或过程都是以目的或目标为导向的。这个模型的特别之处在于，行动是建立在客体可感知的状态或已知结论上的。也就是说，婴儿（1）采取一个行为（通常是身体运动），（2）有一个目的或者最终形态，以及（3）行为外在的物理环境条件这三个要素往往与一种预期相关联，即行为是理性且有效的（效率原则）。换言之，如果某一行为是一个有效率的（如它直接且没有绕弯），有着明确定义的目标状态，就会使得孩子能够预测这个行为的目标（通过对当下行为进行观察）或将要做的一个具体的动作（通过对他人目的的理解）。举例来说，假如我知道某人想去某家咖啡馆，我就能预测（在这个人的行为是有效的前提下）在通往这家咖啡馆的诸多道路中他会走哪一条。

根据这一模型可知，婴儿是通过参考所观察到的状态和结果去理解他人的行为的。对行为的心理理解（在"信念-欲望心理学"的意义上）发展到了这样的程度，即婴儿理解人们不是根据具体的事实而是通过外部事实的心理表征来采取行动的（如图 11-1 所示）。

在注视时长研究中，盖尔盖伊等人为他们的方法论找到了初步依据。模仿研究则通过将目的论诠释与社会认知关联起来研究，从而实现了超越。安德鲁·梅尔佐夫等人假设（参见第 3 章），婴儿已经能够通过反复做某个动作来进行模仿。相比之下，盖尔盖伊等人则认为，婴儿是基于所观察到的行为的"理性"思考去有选择性地模仿。

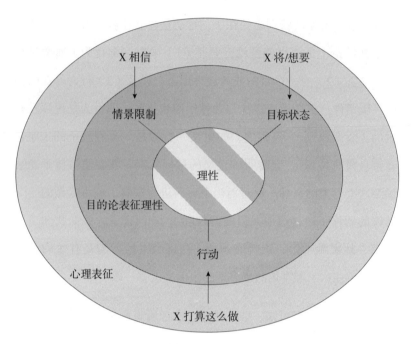

图 11-1　盖尔盖伊等人的目的论模型框架图

注：两个内环直观地表现了三个涉及目的论的行动表征的元素。外环则表明那些与外部环境相关联的目的论要素，是如何被对心理表征影响的认识所取代的。

　　盖尔盖伊等人在他们的研究中，采用了早先针对延迟模仿的研究设计。在这项研究中，梅尔佐夫曾安排 14 个月大的婴儿面对如下情景：

　　让婴儿们观看一名成年被模仿者弯下腰，用额头触碰开关打开了一盏灯。一周后，研究人员给婴儿们独自玩耍这盏灯的机会，他们中的大多数做出了此前成年被模仿者用额头触碰开关打开灯的行为。也就是说，这些孩子模仿了此前观察到的行为。捷尔吉·盖尔盖伊等人假设，这些孩子之所以这样做，是因为他们相信那名被模仿者一定有很充分的理由去做那个奇怪的行为。如果孩子们能够以其他方式解释这一行为，那么他们就不会去模仿了。

实验详解

实验设计

在实验中，将两组 14 个月大的婴儿进行相互比较。两组婴儿都会观察到：一个人坐在桌子前，桌上摆放着一个盒子，盒子里放着一盏触摸感应灯。这个人首先用一个毯子围住双肩，向前弯腰数次，每触碰一次感应灯就会引发一次短暂闪光。

两组之间最关键的区别在于：在一种情景下（"双手未被占用"；n=13），被模仿者打开灯时，将毯子松松地围在肩上，双手放在桌子上；在另一种情景下（"双手被占用"；n=14），当被模仿者向前弯腰时，双手紧攥着毯子（如图 11-2a 和图 11-2b 所示）。

研究人员做了一个假设，在双手未被占用的情景下，与梅尔佐夫的初始研究一样，大部分孩子会去模仿这个动作。而在双手被占用的情景下，则不会出现同样的情况，因为被模仿者有理由用头部触碰灯的开关（因为他的双手被占用）；与此同时，孩子则能够简单运用双手。

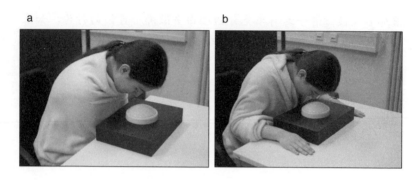

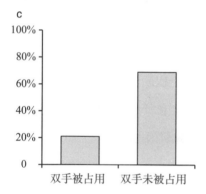

图 11–2 盖尔盖伊等人的理性模仿实验

注：图 11–2a 展示了"双手被占用"和图 11–2b 展示了"双手未被占用"，图 11–2c 显示了盖尔盖伊等人的研究结果。

结果与解释

正如预测一般，两个情景都呈现出了非常显著的差异。在双手未被占用的情景下，有 70% 的婴儿会去模仿这个不常见的行为；而当双手被占用的时候，则只有约 20% 的婴儿会模仿（如图 11–2 c 所示）。

这个研究结果与研究人员的思考一致，即模仿并不是一个自发的过程，而是婴儿有选择地模仿动作。研究人员将这个结论解释为，婴儿已经能对观察到的行动的效率进行判断了，并且能够在理性思考的范畴内进行模仿。

意义与评价

盖尔盖伊等人的研究结果，推动了一场针对社会和文化学习的本体论基础的广泛讨论。近几十年来，"关于人类进化成功的基础是什么"这个问题被争论得越来越激烈。一个常见的答案是：人的社会学习能力和这种知识的代际传递，最终使文化知识和社会制度得以建立。事实上，跨文化研究表明，社会学习最早始于出生后的一年，代表了一种普遍的学习机制。盖尔盖伊等人的研究结果证明，社会学习在发展的早期就对观察到的他人行为进行理性重构，因此它是一个有选择的、推断的过程。这项研究还触发了进一步的、更准确的探究：在哪种条件下，儿童会模仿行动目标，而不是模仿行动方式？

尽管这个结论本身最初是从一个小样本上获得的，但是已经被其他研究一再重复了。比较研究表明，即使黑猩猩也会理性地模仿。

关于如何正确解释这个结论，仍有激烈的争论。一个核心问题是，是否这个研究确实表明了婴儿的模仿是理性的。或者说，是否可以用另一种方式诠释婴儿对观察到的模式是有选择性的模仿。这场争论的有趣之处在于，后续的系列研究使用了相同的范式并操控了核心因素。同样的范式可以用来证明不同的理论假设，下面将更详细地讨论。

近年来，盖尔盖伊等人的经典认知解释已经拓展到了自然教育学理论中。研究人员推测，在进化的过程中，已经发展出了一个沟通系统，它是文化知识快速传播的基础，并且引导了婴儿的社会学习。据此，婴儿期望通过明显的交流方式（如眼神接触）向他们传递与文化相关的知识。例如，基拉伊（Kiraly）等人认为，孩子模仿关键动作（用额头开灯）的可能性取决于被模仿者与孩子之间的直接眼神交流。但是，有相关研究对此提出了批评，即眼神交流和其他刺激物只能吸引注意力，因此通过简单的注意力效应就可以对社会学习产生积极影响。

这种批评与另外一种侧重于注意过程的感知解释方法是一致的。这种假设认为，模仿行为的减少可能是在双手被占用的情景下由分心引起的。也就是说，婴儿在这种情景下也会模仿关键动作，但是他们会因为不习惯的身体动作（双手藏在毯子下交叉）而被误导，因此无法正确地处理实际动作甚至模仿它们。这些观点会通过实验操作实践予以证明，在研究人员双手未被占用的情况下，桌子边角处摆放了两个巨大的、彩色的笑脸图案（如图11-3 c所示）。
拜塞特（Beisert）的研究表明，在这种情况下，模仿率会有所降低。
然而，这种方法留给人们一个疑问："婴儿为什么要模仿以及他们
是如何模仿的？"

图11-3　拜塞特等人的相关实验

注：三张图片显示了三种情景下不同的情况：a.双手被占用；b.双手未被占用；
c.分散注意。

这个问题的答案可以通过第三种方式来回答，它试图解释盖尔
盖伊等人的研究成果。我和我的同事认为，婴儿拥有如此复杂的思
考过程是完全不可能的。于是，我们做出一个假设：模仿是在运动
观察体系中，建立在观察到的行动上的镜像。只要观察者有能力做
这个运动。如果观察到的行动导致了一个非常有趣的效果，那么儿
童就会获得一个所谓的行动－效应关联。这意味着，他们能将效果
的表征与观察到的行为的表征联系起来。在我们的例子中，这种特
定身体活动的表征，即用额头触碰灯开关的行为，会和灯的光效联
系在一起。

如果观察者想要自己重现这个效应，就会导致相关动作表征的

激活，并最终导向模仿。那么，婴儿究竟怎样才会在双手被占用的情景下不去模仿呢？根据我们的推断，这与婴儿无法自主完成这种类型的活动有关（在不碰触桌子的情况下，上半身弯腰）。

我们探究这一假设：操作头部触碰灯，多少是因为受到了外部环境的影响，多少是婴儿的内在动力？举例来说，在手上举的情景下（图 11-4e），被模仿者自由地将手举高，同时头部运动也在进行。从理性理论的角度看，我们必须假设婴儿应当模仿头部运动，因为被模仿者的手也是未被占用的。但是，假设婴儿没有进行模仿，可能是因为这种类型的动作不在婴儿的活动范畴内。即便是作为成年人，我们在模仿这个动作时也会出现问题，你可以自己试试看。关键在于，婴儿原则上可以进行这种头部运动，只是没有按照被模仿者所呈现的特定方式进行模仿。这个研究结果与我们的推断是一致的。

这场争论还衍生出了一些后续的、更深入的研究，在此仅简略提及。这些研究是在被模仿者或者环境的关键特征被控制的条件下进行的。兹米（Zmyj）等人展示了一个例子：假使被模仿者在婴儿模仿前表现得非常可笑（如穿着一双像手套一样的鞋），那么 14 个月大的婴儿就会很少模仿这种具有争议的行动。另一方面，得益于神经认知方法和眼球运动的记录，人们可以更准确地去探究对这种情况的处理。使用了现代化的眼球跟踪程序的研究工作，检验了知觉感知方法，但是并没有发现不同条件下注意力分配不一的证据。这说明诠释婴幼儿早期的社会学习的心理基础，仍然是一个令人兴奋的研究课题。此外，对行动效率预期的基础问题（如对比神经病患者和孤独症患者），仍然是各种研究工作的主题。

图 11-4　鲍罗斯等人的相关实验

　　注：a～e 五张图片展示了鲍罗斯等人研究的五种情景。第 5 张图片 e 显示双手举起的情景。

▰▰ · 影响

　　一般的理性行为分析，特别是理性模仿的问题，迄今在婴儿研究中仍然是一个富有争议的话题。毋庸置疑，模仿研究显示了婴儿期模仿的选择性。究竟是哪种心理机制造成了这一现象，依然是一个具有高度争议性的问题。因此，这个原初研究的意义不在于它为某一特定的假设提供了确凿的证据，而在于它的灵活性以及对当前发展心理学研究的影响。

思考

　　1. 以行为解释为目的的模型与心智方法有什么不同？

　　2. 如何用认知方法、运动方法和知觉方法来解释捷尔吉·盖尔盖伊等人的研究结果？

第 12 章

婴儿能分辨善恶吗：
"帮助者"与"阻碍者"选择实验

心理学家小传

基利·哈姆林（Kiley Hamlin）生于 1983 年，曾在芝加哥大学和耶鲁大学学习心理学，2010 年获得博士学位。目前，他在加拿大英属哥伦比亚大学任副教授。

💡 哈姆林的社会评价研究

道德是如何形成的？我们评价他人好坏的标准是什么？前言语时期的婴幼儿是否已具有这种善恶评价？或者说，这种评价态度是否从新生儿开始就逐渐形成了呢？为了回答这些问题，哈姆林等人给六个月和十个月大的两组婴儿播放了一部动画片。在动画片中，其中一个由几何图形代表的角色将另一个图形（代表主人公）往山坡上推，而第三个图形代表的角色则把主人公往下推。或者更准确地说，一个（"帮助者"）帮助主人公攀上山坡，而另一个（"阻碍者"）阻碍主人公爬上山坡。在这部动画片被反复播放了几遍后，婴儿们将在两个选项中进行选择。结果是，两组婴儿中的绝大多数都选择了向主人公提供帮助的"帮助者",而不是明显妨碍主人公完成任务的"阻碍者"。有一个附加的注视时长测量也表明,当主人公靠近"阻碍者"时,十个月大的孩子观看的时间比主人公靠近"帮助者"时要长。研究人员在解读他们的研究成果时认为,对他人的社会评价是一种普遍存在的生物适应性。在最新的研究中,这个现象被解读为婴儿与生俱来有道德天性。

出发点和问题导入

近几十年来,有关人类道德在生物学和进化层面的争论越来越受到关注,从而引发了人们就"人类道德与动物行为规范的区别是什么,以及在进化过程中,哪些生物适应性促成了道德的出现"的讨论。道德和生物学之间的关系是一个在思想史上已经争论了几个世纪的话题。从 1785 年的康德到 1928 年的马克斯·舍勒(Max Scheler),他们许多经典的论述都倾向于展现人与人之间的矛盾、人的生物属性和道德取向。理性伦理学的支持者特别强调了道德的基础在于认知判断以及对论据和理由的理性权衡。在这样做的过程中,理性的任务是让我们有时盛气凌人,让以自我为中心的感情受到约束,并将我们的合理利益与他人的合理利益结合起来。这种道德概念是皮亚杰和劳伦斯·科尔伯格的理论的基础。根据科尔伯格的观点，道德发展是通过越来越多的去中心化和观点选择能力的提升来实现的。

概念聚焦

　　1. 理性伦理：理性伦理学的支持者主张，道德原则和规范是在理性思考的基础上产生的。

　　2. 伦理直觉主义：伦理直觉主义的支持者认为，道德原则或价值观是凭直觉感知的。也就是说，它们不是基于反思或理性思考后获得的。

　　相比之下，近期的理论则认为，我们人类的道德和某些价值观具有生物性基础。美国社会心理学家乔纳森·海特（Jonathan Haidt）在其颇具影响力的"道德基础理论"中假设，人类与生俱来的道德知觉（快速、情感驱动的评价）是有限的，这些是进化的产物。

　　这些理论的不同之处在于，它们或将生物适应性视为人类和高等动物之间共有的，或者认为它们是人类所独有的。根据这一点，要么强调人类道德和动物行为之间的相似性，要么强调两者的差异。然而，由于所有这些理论都假设道德的基础不是以语言和话语的形式存在，而是以情感或直觉的方式来理解的，因此它们接近于伦理直觉主义。对直观的、非语言性的道德基础的关注，为我们提供了一种可能性，即询问这些（潜在的先天性）基础是否也可以在婴儿中检测到？

为了探索这一点，哈姆林等人使用了两种偏好的衡量标准。首先，在行为层面上，婴儿的直接偏好是借助于抓握偏好来记录的。在第一种衡量方法中，会让婴儿观看不同物体的行为演示，并对婴儿首先抓取哪个物体进行分析。这样做的理由是，婴儿的个人偏好应该反映出他们对演示的行为的评价。例如，如果婴儿更多地倾向于亲社会行为的演示物体，那么他们就会选择这个演示物体。第二种衡量方法是，研究人员通过测量注视时长来记录婴儿的期望。根据这种超预期方法的研究逻辑，一个意外和令人惊讶的事件能引起人们更长的注视时长。如果婴儿也能理解当事人对他人是怎么评论的，当动画片中的主人公与曾经的"阻碍者"进行接触时，他们应该会感到惊讶。因此，这项研究要回答"社会评判的隐性或间接形式是否能在婴儿期得到证明"这一问题

实验详解

实验设计

哈姆林的研究由三个独立的实验组成，其设计遵循相同的结构。主要的实验过程如下。

在动画中，婴儿看到了一个长有眼睛的红色的圆圈正试图爬上一个山坡。通过圆圈脸部的特征和自身的活动，研究人员想让婴儿把这个红圆圈看作一个卡通人物（主人公）。不久之后，又出现了一个黄色的三角形，它以"帮助者"的姿态帮助主人公向上到达山坡的顶部。第三个图形——蓝色方块则在另一种情景下以"阻碍者"的姿态出现，把主人公往山下推，即阻止它到达目的地。这两段动画交替呈现给婴儿们，直到他们对这些情境熟悉了。当他们习惯了这些情境后，即他们的注视时长已经减少到可以判定他们处理了所有的基本信息，并不会在动画片中发现任何新东西了。婴儿们平均在看了九遍动画片后能熟悉这些情景。

然后，研究人员又进行了两个试次（其顺序是平衡的）。在行为测试中，研究人员让婴儿们从两个几何图形卡通人——"帮助者"和"阻碍者"中进行选择。研究人员会问他们："你想选择其中哪一个？"并记录他们首先接触到的那一个，以此作为他们的偏好。

在注视时长测试中，研究人员先让婴儿们看到主人公处于"帮助者"和"阻碍者"中间的位置。在不同的试次中，会让婴儿看到主人公分别接近"帮助者"和"阻碍者"。每当主人公从中间点往某一侧移动时，每一位婴儿的注视时长就被研究人员记录下来。该记录数据可以比较婴儿看主人公靠近"帮助者"和"阻碍者"的时间哪个更长。

之后研究人员又进行了两个实验，为了更好地了解实验结果所蕴含的基本原理。在第二个实验中，孩子看到了与第一个实验相同的故事场景，只是这一次把之前动画片中的卡通人换成了非卡通人，即所有图形没有眼睛，也不能做动作。也就是说，红色圆圈只是被三角往山坡上推或被方块推下山坡。如果在第一个实验的结果只是由于对向上移动的物体的偏好，那么，第二个实验中应该出现类似的选择结果。第三个实验是为了研究婴儿之所以在"帮助者"和"阻碍者"之间做出选择，是由于他们对向上移动物体的偏好，还是基于对有帮助行为卡通人的偏爱或对有阻碍行为卡通人的拒绝。为此，研究人员要让婴儿就"帮助者"和"阻碍者"都要与一个"中立者"进行比较。"中立者"既没有做帮助行为也没有做阻碍行为。如果婴儿对"帮助者"和"阻碍者"有区分，可以归结为他们对"帮助者"有偏好，那么婴儿就能够在"帮助者"和"中立者"之间做出选择，而不是在"阻碍者"和"中立者"之间进行选择。如果婴儿能够在"帮助者"和"阻碍者"之间选"帮助者"归结为对"阻碍者"的拒绝，那么，婴儿应该在"阻碍者"和"中立者"之间进行挑选，而不是在"帮助者"和"中立者"之间做选择。

结果与解释

实验一显示，六个月和十个月大的婴儿都喜欢伸手去抓取"帮助者"而不是"阻碍者"。注视时长测试显示，十个月大的孩子看主人公靠近"阻碍者"的时间比靠近"帮助者"的时间更长，而六个月大的孩子的注视时长两者没有差异。由此可见，年龄较小的婴儿对"帮助者"有自己的偏好，但并没有主人公靠近"帮助者"的预期。据此，研究人员得出结论，即婴儿能够较早地自行判断他人的行为，而不是将对某一行为的判断归于他人。

实验二没有显示出婴儿对卡通人有什么系统性偏好。也就是说，婴儿看到图形单纯地向上或向下推做出的选择跟第一个实验中的结果一样。第三个实验显示，两个年龄组的婴儿都喜欢"帮助者"（当它与"中立者"配对时）和"中立者"（当它与"阻碍者"配对时）。这表明，婴儿大都对"帮助者"有偏好，并倾向于拒绝"阻碍者"。注视时长测试显示对婴儿并不产生影响。因此，婴儿对主人公去找"帮助者"（当与一个"中立者"配对时）还是去找"中立者"（当与"阻碍者"配对时）均没有预期。

总的来说，哈姆林把他们的研究发现解释为能够证明六个月大的婴儿就有对他人进行社会评价的基本技能。由于他们在没有获得直接经验的情况下（这里是指帮助别人上山坡）表现出这种能力，因此这种能力似乎是与生俱来的。

意义与评价

这项研究具有重要意义，因为它关注于人类道德的早期起源，从而引发了发展心理学研究中关于人类道德可能具有潜在进化基础的激烈辩论。在道德研究中因采取了偏好方法进行实验，并衍生出了一些针对婴幼儿的实验性研究，如通过注视时长测量或者偏好方法来研究婴幼儿阶段的道德观点和态度。哈姆林等人的另一项研究发现，当"阻碍者"和"中立者"同时在三个月大的婴儿面前出现时，他们明显地会更少看向"阻碍者"。对婴儿的注视偏好（非抓取偏好）的测量，也能够反映他们的评价。该研究的概述在勒妮·巴亚尔容等人 2014 年发表的文献中也可以找到。

在这些相关研究的基础上，假设存在先天的道德知识的发展心理学理论被提出。哈姆林于 2013 年谈及的与生俱来的道德核心与乔姆斯基提出的先天的普遍语法（见第 9 章）类似，米哈伊尔（Mikhail）假设了普遍道德语法的存在。除了这个研究本身的科学意义外，这项研究的价值还在于其研究成果得到了心理学领域以外人士的认可，整个研究的方向吸引了非学术界人士的关注。例如，《纽约时报》（New York Times）某期的封面标题就是《婴儿的道德生活》（The Moral Life of Babies），这是保罗·布鲁姆（Paul Bloom）发表在该杂志上的文章标题。他所著的《正义的婴儿：善与恶的起源》（Just Babies: The Origins of Good and Evil）一书的德文译本叫作《每个儿童都知道善与恶：良知是如何生成的》。这说明，这个理论发现及其延伸出的各种诠释，在学术界之外也被更多的公众所接纳。

与此同时，实证研究的可靠性以及它们的理论意义，即它们的效用性却被广泛质疑。争论涉及该研究和类似研究的可重复性。例如，其他一些研究婴儿的小组声称，他们无法在实验中获得婴儿第一时间都抓取"帮助者"这个现象。其他研究也证明，当婴儿被允许反复多次选择时，对"帮助者"的偏好并不一致。与之相对的是，也有一些研究却声称成功重复再现了该现象。

在对年龄更大一些的孩子的测试中，也能看到类似的不一致的现象。部分测试发现了在幼儿园阶段的孩子存在对"帮助者"的偏好，部分测试则给出了相反的结果。因此，这个研究发现的实证基础并不坚固。

2012 年，斯卡夫（Scarf）等人的另一项研究则对上述研究结果提出了另一种解释。他们观察到，在有"帮助者"协助的情景下，一旦主人公抵达山坡顶部，它就会跳起来。斯卡夫等人推断，婴儿偏好"帮助者"可能只是因为这个跳跃的动作非常有趣，与"帮助者"协助主人公本身并无关联。在他们看来，这意味着该研究完全可以通过简单的感知效应和简单的联想学习来解释，并不能由此推断出人类在婴儿阶段已具有道德预期或道德知识。为了对这一替代性解释进行验证，斯卡夫等人还系统性地进行了设定。例如，要么当主人公被推下山坡时会跳起，要么它被推上山坡时跳起，又或者在两种情况下都会跳起。结果发现，孩子都选择了会让主人公跳起者，不管它是"帮助者"还是"阻碍者"。对于主人公在两种情况下（被推到山坡顶或被推下山坡），婴儿们并没有表现出什么偏好（如图 12–1 所示）。在斯卡夫等人看来，这说明婴儿存在某种纯粹（简单）的感知天性，但并不能说明其有道德评价态度。从另一个角度来看，整个研究结论也是模棱两可的，因为哈姆林等人曾指出，他们采用的刺激源和其他研究存在差异。

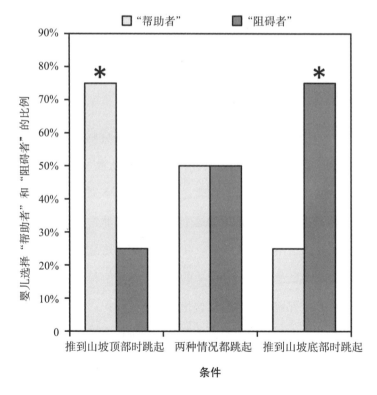

图 12–1　斯卡夫等人的研究结果

在概念层面上，达尔（Dahl）认为，偏好（无论是注视偏好或者抓取偏好）并不能等同于社会或道德评价。道德的特性恰好在于它的义务性，即认识到什么事是"应为"的。换句话说，偏好只能表明人喜欢什么以及对什么感兴趣；与此同时，道德特性在于去评估什么是对的。任何对偏好的衡量都不足以成为道德认知的指标，也不能对道德评价做出任何明确的结论。在这种解读中，尽管哈姆林等人的发现解释了婴儿的社会偏好，但这不意味着道德本身。这个批评与近来一些思考达成了一致，即理性思考和判断在道德中起到核心作用。

这是当代道德研究的一个核心争论点。关于"道德是什么"这个问题，不是一个可以通过纯粹经验决定的问题，而是一个概念以及理念问题。关于"道德是怎样形成"的问题，包括了人类的道德观点、规范和价值判断，是否与动物的行为偏好存在可比性？以及它们有哪些相似和不同之处？这些问题是我们在道德理解的概念性辩论中不可忽视的部分。

影响

哈姆林等人的这项研究引起了广泛的关注，受到了普遍的欢迎。人们也因此对婴儿的道德起源问题产生了浓厚的兴趣。同时，也有人对该研究结果的实证效度及实证意义提出批评，并由此提出了"偏好测量是否可以明确地说明道德态度"这一疑问。然而，或许正是鉴于这些激烈的争论和研究中提出的问题，这项研究可以被视作发展心理学的现代经典研究。

思考

　　1. 哈姆林等人研究的理论基础在哪一点上脱离了皮亚杰和劳伦斯·科尔伯格代表的观点？

　　2. 根据哈姆林等人得出的结论，六个月大的婴儿就对反社会行为者有抵触，对亲社会行为者有偏好吗？

　　3. 关于这项研究及其解释，还有哪些实证意义与理论意义上的批评观点？

第 13 章

亲子间的手势交流有多重要：
亲子手势互动与儿童词汇量实验

心理学家小传

苏珊·戈尔丁－梅多（Susan Goldin-Meadow）于 1949 年出生，曾在瑞士日内瓦的史密斯学院和美国费城的宾夕法尼亚大学学习心理学，1975 年获得博士学位。自 1992 年以来，她一直是芝加哥大学的教授。

戈尔丁－梅多的儿童早期语言发展研究

我们如何解释来自社会经济地位较低家庭中的儿童在语言发展方面落后于他们的同龄人，并且很可能因此在学校表现不佳？罗韦（Rowe）和戈尔丁－梅多的这项研究专注于儿童语言发展的早期阶段，并对亲子互动过程和前言语时期的交流进行了仔细的研究。

为此，研究人员还探究了一岁大的婴儿在亲子互动中是否经常使用手势与其到 4～5 岁时的词汇量之间的关系。研究结果表明，在社会经济地位较低的家庭中，因儿童与父母之间很少用手势进行交流，从而导致孩子长到 4～5 岁时在词汇拥有量上与其他孩子相比就有了差距，即来自社会经济地位较低家庭的儿童，其所掌握的词汇量更少。这项研究的主要发现在于，这种词汇拥有量上的差异可以部分地被解读为与儿童早期手势交流的多寡相关。

出发点和问题导入

在发展心理学中，长期存在对前言语交流和社会性交互的特别关注。一个核心问题是："前言语的交流模式（比如指示手势）是怎样发展的？而这种前言语交流形式最终又是如何限制了我们的语言学习的？"除此之外，可以将幼儿阶段的非言语交流与那些和人有着类似交流方式的生物（如黑猩猩）进行比较，从而得出人与动物的社会认知的相似与差异性。借助手势，婴儿自出生后一岁就开始与他们的社会环境互动了（如图 13-1 所示）。比如，借助指示手势，提示父母给予他们想要的东西（原始命令功能）或者给他们展现一些好东西，从而与之分享乐趣（原始陈述功能）。陈述性而非命令性的指示行为，可以预测语言和心理理论的后期发展。举例来说，从婴儿一岁时所拥有的词汇量、所使用的手势，就可以预估其到三岁半时所拥有的词汇量。有趣的是，患有多功能紊乱的孤独症谱系障碍的儿童，对陈述性指示的生成和理解似乎是受限的。

图 13-1 一个 14 个月大的婴儿的手势指向

此外，人们对于父母的行为对儿童的语言发展的影响有着浓厚的兴趣，因为这里展现了许多相关性：能跟孩子进行更多互动并予以更积极地反馈的母亲，其孩子的语言发展也更快。孩子能接受的语言输入与他们的语言发展水平相关。此外，人们对社会差异也进行了更深入的研究。来自社会经济地位较低家庭的儿童，比来自社会经济地位较高家庭的儿童能接受的语言输入量少三分之一。这同样表明，这种语言能力的差异是由儿童不同的社会经济地位决定的，它可以通过语言输入的接受程度来解读。

结合这两个方面的研究，罗韦和戈尔丁 – 梅多要探究的是，儿童在前言语交流方面的差异是否会导致其社会经济地位的差异。此外，他们还探讨了儿童早期的非言语交流的差异在多大程度上能预测其后期语言发展的差异。

实验详解

实验设计

这项研究采用了纵向设计，对 14 个月大的婴儿和 54 个月（四岁半）的儿童进行研究。针对 14 个月大的婴儿，研究人员定期访问了他们的家庭，并记录了父母和孩子之间的日常互动。他们不仅对父母进行评估，而且评价了孩子的全部言语与非言语交流。在语言领域，他们分析了父母和孩子使用的不同单词的数量。在前语言领域，他们分析了手势的使用。因此，他们不是简单地从手势的数量或方式出发，而是从手势能表达多少不同的意义以达到交流目的的角度去分析（如指向狗的手势与指向玩具的手势被算作两种手势）。针对 54 个月大的儿童，研究人员用一个经典的语言发展测试，测量了他们拥有词汇量的多寡。

结果与解释

第一项研究专注于第一组所收集到的数据相关性上，即当婴儿14 个月大的时候，使用的手势和拥有单词的数量呈正相关。这就是说，孩子在与父母互动中做出的手势越多，他们会说的单词就越多。此外，也可看到，父母使用手势的多少与孩子使用手势的多少之间存在相关性，但与孩子拥有的词汇量无关。在社会经济地位较高的家庭中，无论是孩子还是父母，都表现出互动中能使用更多的手势。为了更精确地捕捉这一过程，研究人员采用了中介分析法。借助这种统计分析技术，研究人员确定了第三个变量在多大程度上影响了两个变量之间的关系。这项分析表明，家庭的社会经济地位和孩子使用手势之间的关系，可以用父母使用手势的多寡来解释。这一发现证实，来自社会经济地位较低家庭的孩子在与父母互动时使用的手势很少，因为其父母也很少使用手势跟他们互动。

为了回答他们这一关键性问题，研究人员又分析了四岁半时儿童变量与儿童拥有词汇量之间的关系。通过中介分析法，又得到了相同的结论：社会经济地位和儿童词汇量拥有之间的关系可以部分地由他们使用手势的多少来解释。这意味着，社会经济地位对语言发展的影响，至少部分是由于前言语交流中的差异造成的。

意义与评价

我们如何解释来自社会经济地位较低家庭的儿童在语言方面的表现往往较差呢？这个问题至关重要，因为语言技能上的差异，在预测孩子在学校是否成功，以及在预测其未来的生活是否幸福方面发挥着关键作用。虽然以前的研究主要聚焦在语言输入上，罗韦和戈尔丁-梅多的探索却不止于此。他们指出，这些差异在非言语交际中就已经产生了。后期表现出的与社会经济地位相关的词汇量拥有差异，至少部分可以归因于早期婴儿使用手势的多少上。这同样可以通过父母使用手势的多少来解释。这个研究发现与阶梯式发展过程相一致。据此，在互动中父母使用手势的程度会影响孩子使用手势的程度。而孩子使用手势的程度，同样会影响其拥有词汇量的多少。这些研究发现的意义在于，让我们把关注点放在孩子的婴幼儿期的互动差异上，因为这些差异能够解释处于不同社会经济背景与家庭条件下的儿童为什么会有不同的语言能力。

因此，这项研究强调了儿童早期家庭互动过程与认知发展的关联性，并提醒我们注意一个迄今为止被忽视的、解释社会经济代际传递的因素差异。父母和婴儿之间的前言语交流的重要性，也能够在其他研究中得到证实。然而，不应忽视的是，儿童拥有词汇量的多少与社会经济地位相关的差异，只能部分地通过婴幼儿使用手势的程度来解释，这意味着其他因素也起到重要作用。早期的非言语交流只是其中的一个因素，尽管至今还没有得到充分的重视。此外，我们必须意识到，这些差异只有相关性的发现，不足以排除可能的第三方变量的影响。

这项研究的意义不仅体现在结论本身上，还体现在不同研究方向的结合上。每一发现都是发展心理学非常感兴趣的：首先，人类交流起源于非语言手势；其次，亲子沟通与儿童发展之间具有关联性；最后，我们怎样才能够解释处于不同社会经济背景与家庭条件的儿童之间的表现差异。这三条研究线索的创造性结合，是这项研究的特色所在。

影响

罗韦和戈尔丁－梅多于2009年的研究，重新审视了能够解释处于不同社会经济背景的儿童其认知发展存在差异这一因素。这项研究还表明，父母与婴幼儿要进行紧密的前言语交流是多么的重要。

思考

1.罗韦和戈尔丁－梅多是如何解释处于不同社会经济背景与家庭条件下的儿童其拥有词汇量的差异的？

2.为什么我们在阐述相关研究结果时必须要谨慎？你是否可以用其他的方式来解释这些研究发现？

参考文献及扩展阅读

第 1 章

参考文献

Sherif, M., Harvey, O.J., White, B.J., Hood, W.R., & Sherif, C.W. (1988). *The Robbers Cave experiment: Intergroup conflict and cooperation.* Wesleyan: Wesleyan University Press. (Original publiziert 1954).

扩展阅读

1.Benozio,A., & Diesendruck,G.(2015)，*Parochialism in preschool boys' resource allocation.* Evolution and Human Behavior,36(4),256-264.doi: 10.1016/j.evolhumbehav.2014.12.002

2.Buttelmann,D.,& Böhm,R.(2014).*The ontogeny of the motivation that underlies in-group bias.* Psychological Science,25(4),921-927.doi: 10.1177/09567913516802

3.Casler,K.,Terziyan,T.,& Greene,K.(2009).*Toddlers view artifact function normatively.*Cognitive Development,24(3),240-247.doi:10.1016/j.cogdev.2009.03.005

4.Nham,Y.,Baron,A.S.,& Carey,S.(2011).*Consequences of "minimal" group affiliations in children.* Child Development,82(3),793-811.doi: 10.1111/j.1467-8624.2011.01577.x

5.Freud,S.(1930/1994).*Das Unbehagen in der Kultur und andere kultur-theo-*

retische schriften.Mit einer Einleitung von Alfed Lorenzer und Bernard Görlich. Frankfurt am Main:Fischer-Taschenbuch.

6.Göckeritz,S.,Schmidt,M.F.H.,& Tomasello,M.(2014).*Young children's creation and transmission of social norms*.Cognitive Development,30(1),81-95. doi:10.1016/j.cogdev.2014.01.003

7.Höhl,S.,Keupp,S.,Schleihauf,H.,McGuigan,N.,Buttelmann,D., & Whiten,A.(2019). *Over-imitation : A review and appraisal of a decade of research.* Developmental Review, 51,90-108.doi:https://doi.org/10.1016/j.dr.2018.12.002

8.Kenward,B.(2012).*Over-imitating preschoolers believe unnecessary actions are normative and enforce their performance by a third party.* Journal of Experimental Child Psychology,112(2),195-207.doi:10.1016/j.jecp.2012.02.006

9.Misch,A.,Over,H.,& Carpenter,M.(2016). *I won't tell:Young children show loyalty to their group by keeping group secrets.* Journal of Experimental Child Psychology, 142,96-106.doi:10.1016/j.jecp.2015.09.016

10.Paulus,M.,& Wörle,M.(2019).*Young children protest against the incorrect use of novel words:Towrd a normative pragmatic account on language acquisition.* Journal of Experimental Child Psychology,180,113-122

11.Piaget,J.(1932).*Le jugement moral chez l'enfant* .Paris: Presses Universitaires de France.

12.Rakoczy,H.,& Schmidt,M.F.H.(2013).*The early ontogeny of social norms.* Child Development Perspectives,7(1),17-21.doi: 10.1111/cdep.12010

13.Rakoczy,H.,Warneken,F.,& Tomasello,M.(2008).*The sources of normativity: Young children 's awareness of the normative structure of games.* Developmental Psychology,44(3),875-881.doi: 10.1037/0012-1649.44.3.875

14.Schmidt,M.F.H.,Butler,L.P.,Heinz,J.,& Tomasello,M.(2016).*Young children see a single action and infer a social norm : Promiscuous Normativity in 3-Year-Olds.*Psychological Science,27(10),1360-1370.doi: 10.1177/0956797616661182

15.Sherif, M.(1935).*A study of some social factors in perception: Chapter 3.*Archives of Psychology,187,23-46.doi: 10.1080/15374416.2013.812037

16.Sherif,M.,Harvey.O.J.,White,B.J.,Hood,W.R.,& Sheriff,C.W.(1988).*The Robbers Cave Experiment: Intergroup conflict and cooperation.*Wesleyan:Wesleyan University press.(Original publiziert 1954).

17.Zhao,x., & Kushnir,T.(2018).*Young children consider individual authority and collective agreement when deciding who can change rules.* Journal of Experimental Child Psychology,165,101-116.doi: 10.1016/j.jecp.2017.04.004

第 2 章

参考文献

Bandura, A. (1965). *Influence of models' reinforcement contingencies on the acquisition of imitative responses.* Journal of Personality and Social Psychology, 1, 589-595.

扩展阅读

1.Anderson,C.A.,& Bushman,B.J.(2018). *Media violence and the general aggression model* .Journal of Social Issues,74(2),386-413. Http://dx.doi. org/10.1111/josi.12275

2.Bandura,A.(1965). *Influence of models' reinforcement contingencies on the acquisition of imitative responses.* Journal of Personality and Social Psychology,1(6),589-595.doi: http://dx.doi.org/10.1037/h0022070

3.Bandura,A.,Ross,D., & Ross,S.A.(1961).*Transmission of aggression through imitation of aggressive models.* Journal of Abnormal and Social Psychology,63(3),575-582.doi:http://dx.doi.org/10.1037/h0045925

4.Krahé ,B., & Möller,l.(2010).*Longitudinal effects of media violence on aggression and empathy among German adolescents.*Journal of Applied Developmental Psychology,31(5),401-409.doi: http://dx.doi.org/10.1016/ j.appdev.2010.07.003

5.Kühn,S.,Kugler,D.T.,Schmalen,K.,Weichenberger,M.,Witt,C.,& Gallinat,J. (2018).*Does playing violent violent video games cause aggression? A longitudinal intervention study.* Molecular Psychiatry. Advance online publication.doi: https:// doi.org/10.1038/s41380-018-0031-7

6.Miller, N.E., & Dollar, D.(1940). *Social learning and Imitation*, New Haven, CT, US: Yale University Press.

7.Piaget,J.(1962). *Play，dreams，and imitation in childhood.* New York, NY,

US: The Norton Libraty.doi.10.1037/h0052104

第 3 章

资料来源

Meltzoff, A.N., & Moore, M.K. (1977). *Imitation of facial and manual gestures by human neonates.* Science, 198, 74-78.

扩展阅读

1.Anisfeld,M.(1991).*Neonatal imitation. Developmental Review,*11(1),60-97. doi: http://dx.doi.org/10.1016/0273-2297(91)90003-7

2.Dornes,M.(1993). *Der kompetente Säugling.* Frankfurt am Main: Fischer.

3.Fuchs,T.(2000).Leib,Raum,Person.*Entwurf einer phänomenologischen Anthropologie.* Stuttgart: Klett-Cotta.

4.Goldman,A.l.(2006).*Simulating minds: The philosophy,psychology,and neuroscience of mindreading.* Oxford, England: Oxford University Press.

5.Heyes,C.(2010).*Where do mirror neurons come from?* Neuroscience and Biobehavioral Reviews,34(4),575-583.doi: 10.1016/j.neubiorev.2009.11.007

6.Heyes,C.(2016).*Imitation: Not in our genes.* Current Biology,26(10), R412-R414.doi:http ://doi.org/10.1016/j.cub.2016.03.060

7.Jones,S.S.(1996).I*mitation or exploration? Young infants' matching of adults' oral gestures.* Child Development,67(5),1952-1969.doi: http:// dx.doi.org /10.1111/ j.1469-7610.1986. tb01837.x

8.Jones,S.S.(2006).*Exploration or imitation? The effect of music on 4-week-old infants' tongue protrusinos.* Infant Behavior and Development,29(1),126-130.doi: https:/ /doi.org/ 10.1016/ j.infbeh.2005.08.004

9.Jones,S.S.(2007).*Imitation in infancy.* Psychological Science, 18(7), 593-599.doi: http://dx.doi.org/10.1111/j.1467-9280.2007.01945.x

10.Marshall,P.J.,& Meltzoff,A.N.(2014).*Neural mirroring mechanisms and imitation in human infants.* Philosophical Transactions of the Royal Society B: Biological Sciences,369(1644): 20130620.doi: https://royalsocietypublisching.org/

doi/abs/10.1098/rstb.2013.0620

11.Meltzoff,A.N.(1988).*Imitation of televised models by infants.*Child Development,59(5),1221-1229.doi: http://dx.doi.org/10.2307/1130485

12.Meltzoff,A.N.(2007).*Like me : A foundation for social cognition.* *Developmental Science*,10(1),126-134.doi: https://doi.org/10.1111/j.1467-7687.2007.00574.x

13.Meltzoff, A.N., & Moore, M.K.(1977). *Imitation of facial and manual gestures by human neonates.*Science,198,74-78.

14.Meltzoff,A.N.,& Moore,M.K.(1989).*Imitation in newborn infants:Exploring the range of gestures imitated and the underlying mechanisms.* Developmental Psychology,25(6),954-962.doi: http://dx.doi.org/10.1037/0012-1649.25.6.954

15.Meltzoff,A.N., & Moore,M.K.(1997).*Explaining facial imitation: a theoretical model.* Early Development and Parenting,6(3-4),179-192.doi: https://doi.org/10.1002/(SICI)1099-0917(1999709/12)6:3/4< 179::AIDEDP157>3.0.CO;2-R

16.Meltzoff,A.N.,Murray,L.,Simpson,E.,Heimann,M.,Nagy,E.,Nadel,J. Ferrari,P.F.(2018).Re-examination of Oostenbroek et al.(2016):*Evidence for neonatal imitation of tongue protrusion.* Developmental Science,21(4),e12609. doi:https://doi.org/10.1111/desc.12609

17.Meltzoff,A.N.,Waismeyer,A.,& Gopnik,A.(2012).*Learning about causes from people: Observational causal learning in 24-month-old infants.*Developmental Psychology,48(5),1215-1228.doi: http://dx.doi.org/10.1037/a0027440

18.Oostenbroek,J.,Redshaw,J.,davis,J.,Kennedy-Costantini,S.,Nielsen,M.,Sla ughter,V., & Suddendorf,T.(2018).*Re-evaluating the neonatal imitation hypothesis.* Developmental Science.Advance online publication.doi: https://doi.org/10.1111/desc.12720

19.Ostenbroek,J.,Suddendorf,T.,Nielsen,M.,Redshaw,J.,Kennedy-Costantin i,S.,Davis,J.,laughter,V.(2016).*Comprehensive longitudinal study challenges the existence of neonatal imitation in humans.*Current Biology,26(10),1334-1338.doi: http://dx.doi.org/10.1016/j.cub.2016.03.047

20.Paulus,M.(2014).*How and why do infants imitate? An ideomotor approach to social and imitative learning in infancy (and beyond)*. Psychonomic Bulletin and Review,21(5),1139-1156.https://doi.org/10.3758/s13423,014-0598-1

21.Piaget,J.(1962).*Play,dreams,and imitation in childhood.*New York,NY,US: The Norton Library.

22.Rizzolatti,G.,& Craighero,L.(2004).*The mirror-neuron system.* Annual Review of Neuroscience,27,169-192.doi:https://doi.org/10.1146/annurev. neuro.27.070203.144230

第 4 章

参考文献

Wimmer, H., & Perner, J. (1983). *Beliefs about beliefs: Representation and constraining function of wrong beliefs in young children's under standing of deception.* Cognition, 13, 103-128.

扩展阅读

1.Astington,J.W.,&Pelletier,J.(1996).*The language of mind: Its role in teaching and learning.*InD.R.Olson&N.Torrance(Eds.),*The handbook of education and human development* (pp.593-620).Oxford,England: Blackwell.

2.Bretherton,I., &Beeghly,M.(1982).*Talking about internal states : The acquisition of an explicit theory of mind.*Developmental Psychology,18(6),906-921. doi:10.1037/0012-1649.18.6.906

3.Buttelmann,D.,Carpenter,M., &Tomasello,M.(2009).*Eighteen-month-old infants show false belief understanding in an active helping paradigm.* Cognition,112(2),337-342.doi:10.1016/j.cognition.2009.05.006

4.Call,J., &Tomasello,M.(2008).*Does the chimpanzee have a theory of mind ? 30 years later.*Trends in Cognitive Sciences,12(5),187-192.doi:10.1016/ j.tics.2008.02.010

5.rlson,S.M.,&Moses,L.J.(2001).*Individual differences in inhibitory control and children's theory of Mind.*ChildDevelopment,72(4),1032-1053.doi:

10.1111/1467-8624.00333

6.Carruthers,P.(2009).*How we know our own minds: The relationship between mindreading and metacognition.*Behavioral and Brain Sciences,32(2),121-138. doi:10.1017/s0140525x09000545

7.De Villiers,J.(2000).*Language and theory of mind:What are the developmental relationships.*in S.Baron-Cohen,H.Tager-Flusberg, &D.J.Cohen(Eds.),*Understanding other minds: Perspectives from developmental cognitive neuroscience*(pp.84-102).New York,NY,US: Oxford University Press.

8.Dennett,D.C.(1978).*Beliefs about beliefs [P& W,SR& B].*Behavioral and Brain Sciences,1(4),568-570.doi:10.1017/S0140525X00076664

9.Dörrenberg,S.,Rakoczy,H., &Liszkowski,U.(2018).*How (not) to measure infant theory of mind: Testing the replicability and validity of four non-verbalmeasures.*CognitiveDevelopment,46,12-30.doi:10.1016/j.cogdev.2018.01.001

10.Grosse-Wiesmann,C.,Friederici,A.D.,Disla,D.,Steinbeis,N., &Singer,T. (2018).*Longitudinal evidence for 4-year-olds ' but not 2- and 3-year-olds' false belief-related action anticipation.*CognitiveDevelopment,46,58-68.doi: 10.1016/j.cogdev.2017.08.007

11.Herrmann,E.,Call,J.,Hernandez-Lioreda,M.V.,Hare,B., &Tomasello,M. (2007).*Humans have evolved specialized skills of social cognition:The cultural intelligence hypothesis.*Science,317(5843),1360-1366.

12.Killen,M.,Lynn-Mulvey,K.,Richardson,C.,Jampol,N., &Woodward,A. (2011).*The accidental transgressor: Morally-relevant theory of mind.* Cognition,119(2),197-215.doi: 10.1016/j.cognition.2011.01.006

13.Kloo,D., &Perner,J.(2008).*Training theory of mind and executive control: A tool for improving school achievement?*Mind,Brain,andEducation,2(3),122-127. doi: 10.1111/j.1751-228x.2008.00042.x

14.Kulke,L.,Reiß,M.,Krist,H.,&Rakoczy,H.(2018).*How robust are anticipatory looking measures of theory of mind? Replication attempts across the life span.*CognitiveDevelopment,46,97-111.doi: 10.1016/j.cogdev.2017.09.001

15.Lecce,S.,Caputi,M., &Pagnin,A.(2014).*Long-term effect of theory of mind on school achievement: The role of sensitivity to criticism.*europeanJournal of

Developmental Psychology,11(3),305-318.doi: 10.1080/17405629.2013.821944

16.Lockl,K., &Schneider,W.(2006).*Precursors of metamemory in young children: The role of theory of mind and metacognitive vocabulary.*Metacognition and learning,1(1),15-31.doi:10.1007/s11409-006-6585-9

17.Malle,B.F.(2002).*The relation between language and theory of mind in development and evolution.*InT.Givon&B.T.Malle(Eds.),The evolution of language out of pre-language(pp.265-284).Amsterdam :Benjamins.

18.Moore,C.(2006).*The development of commonsense psychology.* Mahwah,NJ,US: Lawrence Erlbaum.

19.Oktay-Gür,N.,Schulz,A., &Rakoczy,H.(2018).*Children exhibit different performance patterns in explicit and implicit theory of mind tasks.* cognition,173,60-74.10.1016/j.Cognition.2018.01.001.

20.Onishi, K.K., &Baillargeon,R.(2005). Do 15-month-old infants understand fale beliefs? Science, 308(5719), 255-258. doi: 10.1126/science.1107621

21.Perner,J.(1991).*Understanding the representational mind.* Learning,development, and conceptual change. Cambridge, MA, US: TheMIT Press.doi:10.1126/science.1089357

22.Piaget,J., & Inhelder,B.(1956).*The child's conception of space.* London:Routledge&K.Paul.doi: 10.4324/9780203715642。

23.Premack,D., &Woodruff,G.(1978).*Does the chimpanzee have a theory of mind?* Behavioral and Brain Sciences,1(04),515.doi: 10.1017/s0140525x00076512

24.Rohwer,M.,Kloo,D., &Perner,J.(2012).*Escape from metaignorance: How children develop an understanding of their own lack of knowledge.*ChildDevelopm ent,83(6),1869-1883.doi: 10.1111/j.1467-8624.2012.01830.x

25.Ruffman,T.,Slade,L., &Crowe,E.(2002).*The relation between children's and mothers' mental state language and theory-of-mind understanding.* ChildDevelopment,73(3),734-751.doi: 10.1111/1467-8624.00435

26.Sabbagh,M.A., &Paulus,M.(2018).*Replication studies of implicit false belief with infants and toddlers.*CognitiveDevelopment,46,1-3.doi:https://doi.org/10.1016/j.cogdev.2018.07.003

27.Schick,B.,DeVilliers,P.,DeVilliers,J., &Hoffmeister,R.(2007).*Language and theory of mind : A study of deaf children.*ChildDevelopment,78(2),376-396.

doi:10.1111/j.1467-8624.2007.01004.x

28.Schuwerk,T.,Priewasser,B.,Sodian,B., &Perner,J.(2018).*The robustness and generalizability of findings on spontaneous false belief sensitivity: A replication attempt.*Royal Society Open Science,5(5),172273.doi:10.1098/rsos.172273

29.Slaughter,V.,Dennis,M.J.&Pritchard,M.(2002).*Theory of mind and peer acceptance in preschool children.*British Journal of Developmental Psychology,20,545-564.doi: 10.1348/026151002760390945

30.Sodian,B.(2016).*Is false belief understanding continuous from infancy to preschool age?* In D.Banner&A.S.Baron(Eds.),Core knowledge and conceptual changes (pp.302-321).Oxford:OxfordUniversity Press.

31.Sodian,B.(2005).*Theory of mind. The case for conceptual development.* InW.Schneider, R.schumann-Hengsteler, &B.Sodian(Eds.), Young children's cognitive development. Interrelationships among working memory, theory of mind ,and executive functions(pp.95-103). Hillsdale,NJ: Erlbaum.

32.Sodian,B., & Kristen-Antonow,S.(2015).*Declarative joint attention as a foundation of theory of mind.*DevelopmentalPsychology,51(9),1190-1200.doi: 10.1037/dev0000039

33.Sodian,B., Licata,M.,Kristen-Antonow,S.,Paulus,M.,Killen,M., &Woodward,A.(2016). *Understanding of goals,beliefs,and desires predicts morally relevant theory of mind: A longitudinal investigation.* Child Development,87(4),1221-1232.doi: 10.1111/cdev.12533

34.Sodian,B., & Wimmer ,H.(1987).*Children's understanding of inference as a Source of knowledge.* Child Development,58(2),424.doi:10.2307/1130519

35.Southgate,V.,Senju,A., &Csibra,G.(2007).*Action anticipation through attribution of false belief by 2-year-olds.*Psychological Science,18(7),587-592.doi: 10.1111/j.1467-9280.2007.01944.x

36.Thoermer,C.,Sodian,B.,Vuori,M.,Perst,H., &Kristen,S.(2012).*Continuity from an implicit to an explicit understanding of false belief from infancy to preschool age.*British journal of Developmental Psychology,30(1),172-187.doi: 10.1111/j.2044-835x.2011.02067.x

37.Wellman,H.M., &Liu,D.(2004).*Scaling of theory-of-mind tasks.* ChildDevelopment,75(2),523-541.doi: 10.1111/j.1467-8624.2004.00691.x

38.Wimmer,H., &Perner,J.(1983).*Beliefs about beliefs: Representation and constraining function of wrong beliefs in young children's understanding of deception*.Cognition,13(1),103-128.doi: 10.1016/00100277(83)90004-5

第 5 章

参考文献

Baillargeon, R., Spelke, E.S., & Wasserman, S. (1985). *Object permanence in five-month-old infants*. Cognition, 20(3), 191-208.

扩展阅读

1.Baillargeon,R.(1987).*Object permanence in 3 1/2-and 4 1/2-month-old infants*.Developmental Psychology,23(5),655-664.doi: 10.1037/0012-1649.23.5.655

2.Baillargeon,R.(2002).*The acquisition of physical knowledge in infancy:A summary in eight lessons*.In U.Goswami(Ed.),Blackwell handbook of childhood cognitive development(pp.46-83).Oxford,England:Blackwell.

3.Baillargeon,R.,Spelke,E.S.,& Wasserman,S.(1985).*Object permanence in five-month-old infants*.Cognition,20(3),191-208.doi:10.1016/00100277(85)90008-3

4.Bogartz,R.S.,Shinskey,J.L., & Schilling,T.H.(2000).*Object permanence in five-and,a-half-month-old infants*? infancy.1(4),403-428.doi: 10.1207/S15327078IN0104_3

5.Haith,M.M.(1998).*Who put the cog in infant cognition? Is rich interpretation too costly*? Infant Behavior and Development,21(2),167-179.doi:10.1016/S0163-6383(98)90001-7

6.Hook,B.,Carey,S., & Prasada,S.(2000).*Prediction the outcomes of physical events:Two-year-olds fail to reveal knowledge of solidity and support*. Child Development,71(6),1540-1554. doi:10.1111/1467-8624.00247

7.Krist,H.(2013).*Development of intuitive statics: Preschoolers' difficulties judging the stability of asymmetrically shaped objects are not due to extraneous task demands*.Zeitschrift für Entwicklungspsychologie und Pädagogische

Psychologie,45(1),27-33. doi: 10.1026/ 0049-8637/ a000078

8.Krist,H.,Karl,K.,& Krüger,M.(2016).*Contrasting preschoolers' verbal reasoning in an object-individuation task with young infants' preverbal feats.* cognition,157,205-218.doi: 10.1016/j.cognition.2016.09.008

9.Leslie,A.M.,& Keeble,S.(1987).*Do six-month-old infants perceive causality?* Cognition,25(3),265-288.doi: 10.1016/S0010-0277(87)80006-9

10.Munakata,Y.,McClelland,J.L.,Johnson,M.H.,& Siegler,R.S.(1997). *Rethinking infant knowledge:Toward an adaptive process account of successes and failures in object permanence tasks.*Psychological Review,104(4).686-713. doi:http://dx.doi.org/10.1037/0033-295X.104.4.686

11.Piaget,J.(1974). *Der Aufbau der Wirklichkeit beim Kinde.*Stuttgart:Klett. Schwarzer

12.G.,& Zauner,N.(2003).*Face processing in 8-month-old infants: evidence for configural and analytical processing.*Vision Research,43(26),2783-2793. doi:http://dx.doi.org/10.1016/S0042-6989(03)00478-4

13.Spelke,E.S.,Breinlinger,K.,Macomber,J., & Jacobson,K.(1992). *Origins of knowledge.*Psychological Review,99(4),605-632.doi:http://dx.doi. org/10.1037/0033-295x.99.4.605

14.Spelke,E.,& Kinzler,K.D.(2007).*Core knowledge.* Developmental Science,10(1), 89-96. doi:10.1111/j.1467-7687.2007.00569.

15.Träuble,B.,& Pauen,S.(2011),*Infants' reasoning about ambiguous motion events: The role of spatiotemporal and dispositional status information.* Cognitive Development, 26(1),1-15. doi:http://dx.doi.org/10.1016/j.cogdev.2010.07.002

第 6 章

参考文献

Main, M., Kaplan, N., & Cassidy, J. (1985). S*ecurity in infancy, childhood, and adulthood: A move to the level of representation.* Monographs of the Society for Research in Child Development, 50, 66-104.

扩展阅读

1.Ahnertl.,Pinquart,M.,& Lamb,M.E.(2006).*Security of children's relationships with nonparental care providers: A meta-analysis.*Child Development, 74,664-679. doi: 10.1111/ j. 1467-8624. 2006.00896. x

2.Ainsworth,M.D.S.,Blehar,M.C.,Waters,E., & Wall,S.(1978).*Patterns of attachment: Assessed in the strange situation and at home.* Hillsdale,NJ: Erlbaum.

3.Becker-Stoll,F.,Niesel,R., & Wertfein,M.(2016).*Handbuch Kinderkrippe: So gelingt Qualität in der Tagesbetreuung.* Freiburg:Herder.

4.Bowlby,J.(1969).*Attachment and loss.*Vol.1:Attachment.New York: Basic Books.

5.De Wolff,M.S.,& Van ljzendoorn,M.H.(1997).*Sensitivity and attachment: A meta-analysis on parental antecedents of infant attachment.*Child Development,68(4),571-591.doi: 10.1111/j.1467-8624.1997.tb04218.x

6.George,C.,Kaplan,N., & Main,M.(2001).*The Berkley Adult Attachment Interview.* Unpublished protocol. Berkley:University of California.

7.Hamilton,C.E.(2000).*Continuity and discontinuity of attachment from infancy through adolescence.*Child Development,71(3),690-694.doi: 10.1111/1467-8624.00177

8.Hesse,E.(2016).*The adult attachment interview: Protocol, method of analysis, and empirical studies: 1985-2015.* In J.Cassidy& P.R.Shaver(Eds.),*Handbook of attachment:Theory,research,and clinical applications*(3rd ed.,pp.553-597).New York, NY, US: Guilford Press. doi: 10.1002 /jbm. 820290314

9.Main,M.,Kaplan,N.,& Cassidy,J.(1985).*Security in infancy,childhood,and adulthood: A move to the level of representation.* Monographs of the Society for Research in Child Development,50(1/2),66-104.doi: 10.2307/3333827

10.Main,M., & Weston,D.R.(1981).*The quality of toddler's relationships to mother and to father: Related to conflict behavior and the readiness to establish new relationships.*Child Development,52(3),932-940.

11.Reiner,I.C.,Fremmer-Bombik,E.,Beutel,M.E.,Steele,M., & Steele,H. (2013).*Das Adult Attachment Interview- Grundlagen,Anwendung und Einsatz-möglichkeiten im klinischen Alltag.*Psychosomatische Medizin und Psychotherapie,59(3),231-246.doi: http://dx.doi.org/10.13109/zptm.2013.59.3.231

12.Spangler,G., & Zimmermann,P.(2015).*Die Bindungstheorie.*Stuttgart: Klett-Cotta.

Verhage, M.L.,Schuengel,C.,Madigan,S.,Pasco

13.Fearon,R.M.,Oosterman,M.,Cassibba,R.,Bakermans-Kranenburg,M.,& van Ijzendoorn,M.(2016).*Narrowing the transmission gap: A synthesis of three decades of research on intergenerational transmission of attachment.*Psychological Bulletin,142,337-366.Doi: 10.1037/bul0000038

14.Waters,E.,Merrick,S.,Treboux,D.,Crowell,J., & Albersheim,L.(2000). *Attachment security in infancy and early adulthood: A twenty-year longitudinal study.* Child Development,71(3),684-689.doi:10.1111/1467-8624.11176

15.Zimmermann,P., & lwanski,A.(2015).*Attachment in middle childhood: Associations with information processing.*New Directions for Child and Adolescent Development,148,47-61.doi: 10.1002/cad.20099

第 7 章

参考文献

Mischel, W., Shoda, Y., & Peake, P.K. (1988). *The nature of adolescent competencies predicted by preschool delay of gratification.* Journal of Personality and Social Psychology, 54, 678-696.

扩展阅读

1.Block,J.H.,& Block,J.(1980).*The role of ego-control and ego-resiliency in the organization of behavior.*In W.A.Collins(Ed.),Development of cognition, affect and social relations(Vol.13).Hillsdake,NJ:Erlbaum.

2.Bruce,A.S.,Black,W.R.,Bruce,J.M.,Daldalian,M.,Martin,L.E.,& Davis,A.M.(2011).*Ability to delay gratification and BMI in preadolescence.* Obesity,19(5),1101-1102.doi:10.1038/oby.2010.297

3.Diamond,A.(2012).*Activities and programs that improve children's executive functions.* Current Directions in Psychological Science,21(5),335-341. doi: https://

doi.org/10.1177/ 0963721412453722

4.Duckworth,A.L.,Tsukayama,E.,& Kirby,T.A.(2013).*Is it really self-control? Examining the predictive power of the delay of gratification task.*Personality and Social Psychology Bulletin,39(7),843-855.doi: 10.1177/0146167213482589

5.Kray,J.,& Ferdinand,N.K.(2013).*How to improve cognitive control in development during childhood: Potentials and limits of cognitive interventions.* Child Development Perspectives,7(2),121-125.doi: 10.1111/cdep.12027

6.Mele,A.(1987).*Irrationality: An essay on akrasia, self-deception, andself-control.* Oxford,England: Oxford University Press.Sönlichkeit prägt.münchen:pantheon.

7.Mischel,W.(2016).*der marshmallow-effekt: wie willensstärke unsere persönlichkeit prägt.*münchen: pantheon.

8.Mischel,w., & Ebbesen,E.B.(1970).*Attention in delay of gratification.*Journal of Personality and Social Psychology,16(2),329-337.doi: 10.1037/h0029815

9.Mischel,W.,Ebbesen,E.B., & Raskoff Zeiss,A.(1972).*Cognitive and attentional mechanisms in delay of gratification.*Journal of Personality and Social Psychology,21(2),204-218.doi: 10.1037/h0032198

10.Mischel,W.,Shoda,Y., & Peake,P.K.(1988).*The nature of adolescent competencies predicted by preschool delay of gratification.*Journal of Personality and Social Psychology,54,678-696.

11.Moffitt,T.E.,Arseneault,L.,Belsky,D.,Dickson,N.,Hancox,R. J.,Harrington,H.L, Caspi,A.(2011).*A gradient of childhood self-control predicts health,wealth,and public safety.* Proceedings of the National Academy of Sciences, USA, 108, 2693–2698.

12.Schlam,T.R.,Wilson,N.L.,Shoda,Y.,Mischel,W., & Ayduk,O.(2013). *Preschoolers' delay of gratification predicts their body mass 30 year later.* Journal of Pediatrics,162(1), 90-93.doi: 10.1016/j.jpeds.2012.06. 049

13.Shoda,Y.,Mischel,W., & Peake,P.K.(1990).*Predicting adolescent cognitive and self-regulatory competencies from preschool delay of gratification: identifying diagnostic conditions.*Developmental Psychology,26(6),978-986.doi:10.1037/0012-1649.26.6.978

14.Walk,L.M.,Evers,W.F.,Quante,S., & Hille,K.(2018).*Evaluation of a teacher training program to enhance executive functions in preschool children.* PLoS ONE,13(5),1-20.doi:10.1371/journal.pone.0197454

15.Watts,T.W.,Duncan,G.J., & Quan,H.(2018).*Revisiting the marshmallow test: A conceptual replication investigating links between early delay of gratification and later outcomes.* Psychological Science, 29(7), 1159-1177. doi: 10.1177/0956797618761661

第8章

参考文献

Zahn-Waxler, C., Radke-Yarrow, M., Wagner, E., & Chapman, M. (1992). *Development of concern for others.* Developmental Psychology, 28, 126-136.

扩展阅读

1.Batson,C.D.(1991).*The altruism question: Toward a social-psycho-logical answer.* Hillsdale, NJ: Erlbaum.

2.Bischof-Köhler,D.(1988).*Über den Zusammenhang von Empathie und der Fähigkeit,sich im Spiegel zu erkennen.*Schweizerische Zeitschrift für Psychologie,47,147-159.

3.Bischof-köhler,D.(2011).*Soziale Entwicklung in Kindheit und Jugend. Bindung, Empathie, Theory of Mind.* Stuttgart: Kohlhammer.

4.Bischof-Köhler,D.(2012a).*Empathy and self-recognition in phylogenetic and ontogenetic perspective.*Emotion Review,4(1),53-54. doi:10.1177/1754073911421393

5.Brownell,C.A.,Svetlova,M.,Anderson,R.,Nichols,S.R.,& Drummond,J. (2013). *Socialization of early prosocial behavior: Parents' talk about emotions is associated with sharing and helping in toddlers.* Infancy,18(1),91-119.doi:10.1111/j.1532-7078.2012.00125.x

6.Freud,S.(2010).*Abriss der Psychoanalyse.*Herausgegeben von Hans-Martin Lohmann. Stuttgart: Reclam.

7.Hoffmann,M.L.(1982).*Development of prosocial motivation: Empathy and guilt.*In N.Eisenberg-Berg(Ed.),The development of prosocial behavior (pp.281-313).New York,NY,US: New York: Academic Press.doi: 10.1016/b978-0-12-234980-5.500 16-X

8.Hoffmann,M.L.(2000).*Empathy and moral development: implications for caring and justice.* New York, NY, US: Cambridge University Press.

9.Kant,I.(1785).*Grundlegung zur Metaphysik der Sitten.*Frankfurt am Main: Suhrkamp.

10.Kärtner,J., & Keller,H.(2012).*Comment:Culture-specific developmental pathways to prosocial behavior: A comment on Bischof-Köhler's universalist perspective.* Emotion Review, 4(1), 49-50.doi: 10.1177/ 1754073911421383

11.Kärtner,J.,Keller,H., & Chaudhary,N.(2010).*Cognitive and social influences on early prosocial behavior in two sociocultural contexts.*Developmental Psychology,77(1), 112. doi: 10. 1037 /a0019718

12.Kienbaum,J.(2001).The socialization of compassionate behavior by child care teachers. Early Education and Development, 12(1), 139-153.

13.Kienbaum, J.(2014). *The development of sympathy from 5 to 7 years: Increase,decline,or stability*? A longitudinal study. Frontiers in Psychology, 5,468. doi: 10.3389/fpsyg.2014.00468

14.Knafo,A.,Zahn-Waxler,C.,Van Hulle,C.,Robinson,J.A.L.,& Rhee,S. H.(2008).*The developmental origins of a disposition toward empathy: Genetic and environmental contributions.* Emotion,8(6), 737-752. doi: 10.1037/ a 0014179

15.Kohlberg,L.(1981).*The philosophy of moral development: Moral stages and the idea of justice*(Essays on moral development,volume 1).San Fransisco,US: Harper & Row.

16.Malti,T.,& Krettenauer,T.(2013).*The relation of moral emotion attributions to prosocial and antisocial behavior: A meta-analysis.*Child Development,84(2),397-412.doi: 10.1111/j.1467-8624.2012.01851.x

17.Malti,T., & Latzko,B.(2010).*Children's moral emotions and moral cognition: Towards an integrative perspective.*New Directions for Child and Adolescent Development,2010(129),1-10.doi: 10.1002/cd.272

18.Nunnery-Winkler,G.,& Paulus,M.(2018).*Prosoziale und moralische Ent-*

wicklung. In W.Schneider & U.Lindenberger(Eds.),Entwicklungspsychologie (S.537-557).Weinhei:m Beltz.

19.Turiel,E.(1983).*The development of social knowledge: Morality and convention.* New York,NY,US: Cambridge University Press.

20.Zahn-Waxler,C.,Radke-Yarrow,M., & King,R.A.(1979).*Child rearing and Children's prosocial initiations toward victims of distress.*Child Development,50(2),319-330.doi:10.1111/j.1467-8624.1979.tb04112.x

21.Zahn-Waxler,C.,Radke-Yarrow,M.,Wagner,E.,& Chapman,M.(1992). *Development of concern for others.*Developmental Psychology,28(1),126-136. doi:10.1037/0012-1649.28.1.126

第9章

参考文献

Saffran, J.R., Aslin, R.N., & Newport, E. L. (1996). *Statistical learning by 8-month-old infants.* Science, 274(5294), 1926-1928.

扩展阅读

1.Altvater-Mackensen,N.,Jessen,S., & Grossmann,T.(2017).*Brain responses reveal that infants' face discrimination is guided by statistical learning from distributional information.*Developmental Science,20(2),el2393.doi:10.111/ desc.12393

2.Chomsky,N.(1968).*Language and mind.*New York,NY,US:Harcourt Brace & World.

3.Hart,B., & Risley,T.R.(1995).*Meaningful differences in the everyday experience of young American children.*Baltimore,MD,US:Paul H.Brookes Publishing.

4.Höhle,B.,Schmitz,M.,Santelmann,L.M.,& Weissenborn,J.(2006). *The recognition of discontinuous verbal dependencies by German 19-month-olds:Evidence for lexical and structural influences on children's early processing capacities.* Language Learning and Development, 2(4),277-300.doi:10.1207/

s15473341lld0204-3

5.Hunnius,S,,& Bekkering,H.(2014).*What are you doing? How active and observational experience shape infants' action understanding.*Philosophical Transactions of the Royal Society B: Biological Sciences,369(1644),20130490. doi:10.1098/rstb.2013.0490

6.Kirkham,N.Z.,Slemmer,J.A., & Johnson,S.P.(2002). *Visul statistical learning in infancy: Evidence for a domain general learning mechanism.* Cognition, 83(2), B35-B42.doi: 10.1016/s0010-0277 (02) 00004-5

7.Kirkham,N.Z.,Slemmer,J.A.,Richardson,D.C., & Johnson,S.P.(2007). *Location,location,location: Development of spatiotemporal sequence learning in infancy.*Child Development,78(5),1559-1571.doi:10.111/j.1467-8624.2007.01083.x

8.Müller,J.L.,Friederici,A., & Männel,C.(2012).*Auditory perception at the root of language learning.* Proceedings of the National Academy of Sciences of the United States of America,109(39),15953-15958.

9.Müller,J.L.,Friederici,A., & Männel,C.(2018).*Developmental changes in automatic rule-learning mechanisms across early childhood.*Developmental Science,22(1) e12700.doi:https:// doi.org/ 10.1111/desc. 12700

10.Saffran,J.R.,Aslin,R.N., & Newport,E.L.(1996).*Statistical learning by 8-month-old infants.*science,274(5294),1926-1928.doi:10.1126/ science.274.5294.1926

11.Saffran,J.R.Johnson,E.K.,Aslin,R.N., & Newport,E.L.(1999).*Statistical learning of tone sequences by human infants and adults.*Cognition,70(1),27-52. doi:10.1016/s0010-0277(98)00075-4

12.Schuwerk,T.,Sodian,B., & Paulus,M.(2016).*Cognitive mechanisms underlying action prediction in children and adults with autism spectrum condition.* Journal of Autism and Developmental Disorders,46(12),3623-3639.

13.Szagun,G.(2013).*Sprachentwicklung beim Kind : Ein Lerhbuch.*Weinheim,Basel:Beltz Psychologie.

14.Thompson-Schill,S.L.,Ramscar,M., & Chrysikou,E.G.(2009).*Cognition without control: When a little frontal lobe goes a long way.* Current Directions in Psychological Science,18(5),259-263.doi: 10.1111/j.1467-8721.2009.01648.x

第 10 章

参考文献

Woodward, A. (1998). *Infants selectively encode the goal object of an actor's reach.* Cognition, 69, 1-34.

扩展阅读

1.adam,m.,reitenbach,i., & elsner,b.(2017).*agency cues and 11-month-olds' and adults' anticipation of action goals.* cognitive development,43,37-48.doi: 10.1016/j.cogdev.2017.02.008

2.Cannon,e.n.,& woodward,a.l.(2012).*infants generate goal-based action predictions.*developmental science,15(2),292-298.doi: 10.1111/j.1467-7687.2011.01127.x

3.Csibra,g.(2003).*Teleological and referential understanding of action in infancy.*philosophical transactions of the royal society b:biological sciences,358(1431),447-,458.doi: 10.1098/rstb.2002.1235

4.Daum,m.m.,attig,m.,gunawan,r.,prinz,w.,& gredebäck,g.(2012).*Actions seen through babies' eyes: a dissociation between looking time and predictive gaze.* frontiers in psychology,3,370.doi: 10.3389/ fpsyg.2012.00370

5.Daum,m.m.,prinz,w.,& aschersleben,g.(2008).*Encoding the goal of an object-directed but uncompleted reaching action in 6- and 9-month-old infants.* developmental science,11(4),607-619.doi:10.1111/j.1467-7687.2008.00705.x

6.Elsner,b.(2014).*Theorien zu handlungsverständnis und imitation.*in l.ahnert(ed.),theorien in der entwicklungspsychologie(s.310-329).heidelberg:springer.

7.Falck-ytter,t.,gredebäck,g.,& von hofsten,c.(2006).*Infants predict other people's action goals.*Nature Neuroscience,9(7),878-879.doi:10.1038/nn1729

8.Feiman,r.,carey,s.,& Cushman,f.(2015).*Infants' representations of others' goals: representing approach over avoidance.*Cognition,136,204-214.doi:10.1016/j.cognition.2014.10.007

9.Ganglmayer,k.,attig,m.,daum,m.m.,& paulus,m.(2019/imdruck).*Infants' perception of goal-directed actions: a multi-lab replication reveals that infants anticipate paths and not goals.* Infant behavior and development.

10.Gredebäck,g., & daum,m.m.(2015).*The microstructure of action perception in infancy: decomposing the temporal structure of social information processing.* Child development perspectives,9(2),79-83.doi:10.1111/cdep.12109

11.Gergely,g.,nadasdy,z.,csibra,g., & biro,s.(1995).*Taking the intentional stance at 12 months of age.*Cognition,56(2),165-193.doi: 10.1016/0010-0277(95) 00661-h

12.Phillips,a.t.,wellman,h.m., & spelke,e.s.(2002).*Infants' ability to connect gaze and emotional expression to intentional action.*Cognition,85(1),53-78.doi: 10.1016/s0010-0277(02)00073-2

13.Ruffman,t.,taumoepeau,m., & perkins,c.(2012).*Statistical learning a basis for social under-standing in children.* British Journal of Developmental psychology,30(1),87-104.doi: 10.1111/j.2044-835x.2011.02045.x

14.Sodian,b., & thoermer,c.(2004).*Infants' understanding of looking ,pointing,and reaching as cues to goal-directed action.*Journal of cognition and development,5(3),289-316.doi: 10.1207/s15327647jcd0503-1

15.Woodward,a.l.(1998).*Infants selectively encode the goal object of an actor's reach.*Cognition,69(1),1-34.doi: 10.1016/s0010-0277(98) 00058-4

16.Woodward,a.l.(2009).*Infants'grasp of others'intentions.* Current directions in psychological science,18(1),53-57.doi: 10.1111/j.1467-8721.2009.01605.x

第 11 章

参考文献

Gergely, G., Bekkering, H., & Király, I. (2002). *Rational imitation in preverbal infants.* Nature, 415, 755.

扩展阅读

1.Beisert,m.,Zmyj,n.,Liepelt,r.,Jung,f.,Prinz,w.,& Daum,m.m(2012). *Rethinking "rational imitation" in 14-month-old infants: a perceptual distraction approach.*Plosone,7(3).doi: 10.1371/journal.pone.0032563

2.Boyd,r.,richerson,p.j., & henrich,j.(2011),*The cultural niche: why social learning is essential for human adaptation.* Proceedings of the national academy of sciences of the united states of America,108,10918-10925.

3.Buttelmann,d.,carpenter,m.,call,j., & tomasello,m.(2007).*Enculturated chimpanzees imitate rationally.*developmental science,10(4),f31-f38.doi: 10.1111/ j.1467-7687.2007.00630.x

4.Csibra,g., & Gergely,g.(2011).*Natural pedagogy as evolutionary adaptation.*philosophical transactions of the royal society b: biological sciences,366(1567),1149-1157.doi:10.1098/rstb.2010.0319

5.Csibra,g.,Gergely,g.,biro,s.,koos,o.,& Brockbank,m.(1999) *Goal attribution without agency cues: the perception of "pure reason" in infancy.* cognition,72(3),237-267.doi: 10.1016/s0010-0277(99)00039-6

6.Elsner,b.(2007).*Infants' imitation of goal-directed actions: the role of movements and action effects.*acta psychologica,124(1),44-59.doi: 10.1016/ j.actpsy.2006.09.006

7.Elsner,b.,pfeifer,c.,parker,c.,& hauf,p.(2013).*Infants' perception of actions and situational constraints: an eye-tracking study.*journal of experimental child psychology,116(2),428-442.doi: 10.1016/j.jecp.2012.11.014

8.Falck-ytter,t.,gredebäck,g.,& von hofsten,c.(2006).*Infants predict other people's action goals.*nature neuroscience,9(7),878-879.doi: 10.1038/ nn1729

9.Graf,f.,Borchert,s.,lamm,b.,goertz,c., kolling,t., fassbender,i.,teubert,m.,vierhaus,m., Freitag,c.spangler,s.,keller,h.,lohaus,a.,schwarzer,g., knopf,m.(2014). *Imitative learning of nso and german infants at 6 and 9 months of age: evidence for a cross-cultural learning tool.*Journal of cross-cultural psychology, 45(1),47-61. doi: 10.1177 /0022022113487075

10.Gergely,g.,bekkering,h.,& kiraly,i.(2002).*Developmental psychology: rational imitation in preverbal infants.*Nature,415(6873),755.doi:10.1038/415755a

11.Gergely,g.,& csibra,g.(2003).*Teleological reasoning in infancy: the naïve theory of rational action.*trends in cognitive sciences,7(7),287-292.doi: 10.1016/ s1364-6613(03)00128-1

12.Heyes,c.(2018).*Cognitive gadgets: the cultural evolution of thinking.* Cambridge, ma, us: Harvard university press.

13.Hommel,b.,müsseler,j.,aschersleben,g.,& prinz,w.(2001).*The theory of event coging(tec): a framework for perception and action planning.*behavioral and brain sciences,24(5),849-878.doi: 10.1017/s0140525x01000103

14.Király, I., Csibra, G., & Gergely, G. (2013). *Beyond rational imitation: Learn-ing arbitrary means actions from communicative demonstrations.* Jour-nal of Experimental Child Psychology, 116(2), 471-486. doi: 10.1016/j. jecp.2012.12.003

15.Langeloh,m.,buttelmann,d.,matthes,d.,grassmann,s.,pauen,s.,& hoehl,s.(2018).*Reduced mu power in response to unusual actions is context-dependent in 1-year-olds.*frontiers in psychology,9(1),36.doi: 10.3389/fpsyg.2018.00036

16.Meltzoff,a.n.(1988).*Imitation of televised models by infants.*child development,59(5),1221-1229.doi: 10.1111/j.1467-8624.1988.tb01491.x

17.Nielsen,m.(2006).*Copying actions and copying outcomes: social learning through the second yer.*developmental psychology,42(3),555-565.doi:10.1037/0012-1649.42.3.555

18.Paulus,m.(2012).*Is it rational to assume that infants imitate rationally? a theoretical analysis and critique.*human development,55(3),107-121.doi: 10.1159/000339442

19.Paulus,m.(2014).*How and why do infants imitate? an ideomotor approach to social and imitative learning in infancy (and beyond).*Psychonomic bulletin & review,21,1139-1156.doi: 10.3758/s13423-014-0598-1

20.Paulus,m.,hunnius,s.,vissers,m., & bekkering,h.(2011).*Imitation in infancy: rational or motor resonance?* Child Development,82,1047-1057.doi: 10.1111/j.1467-8624.2011.01610.x

21.Richerson,p.j.& boyd,r.(2005). *Not by genes alone: how culture transformed human evolution.* Chicago& london: University of Chicago press.

22.Schuwerk,t.,sodian,b., & Paulus,m.(2016).*Cognitive mechanisms underlying action prediction in children and adults with autism spectrum condition.* journal of autism and developmental disorders,46(12),3623-3639.doi:10.1007/s10803-016-2899-x

23.Sodian,b.(2005).*Theory of mind.the case for conceptual development.*in w.schneider,r.schumann-hengsteler,& b.sodian(eds.),young children's cognitive development.interrelationships among working memory,theory of mind,and executive functions.(pp.95-103).hillsdale,nj: Erlbaum.

24.Szufnarowska,j.,Rohlfing,k.j.,Fawcett,c.,& gredebäck,g.(2014).*Is Ostension any more than attention*? Scientific Reports,4,5304.doi: 10.1038/srep05304

25.Woodward,a.l.(1998).*Infants selectively encode the goal object of an actor's reach*.cognition,69(1),1-34.doi: 10.1016/s0010-0277(98)00058-4

26.Zmyj,n.,buttelmann,d.,carpenter,m.,& daum,m.m.(2010).*The reliability of a model influences 14-month-olds'imitation.* journal of experimental child psychology,106(4),208-220.doi: 10.1016/j.jecp.2010.03.002

27.Zmyj,n.,daum,m.m.,& aschersleben,g.(2009).*The development of rational imitation in 9- and 12- month-old infants*.infancy,14(1),131-141.doi: 10.1080/15250000802569884

第 12 章

参考文献

Hamlin, J.K., Wynn, K., & Bloom, P. (2007). *Social evaluation by preverbal infants*. Nature, 450, 557-559.

扩展阅读

1.Ayala,F.J.(2010).*The difference of being human:Morality.* Proceedings of the National Academy of Sciences,107,9015-9022.doi:10.1073/pnas.0914616107

2.Baillargeon,R.,Setoh,P.,Sloane,S.,Jin,K.,& Bian,L.(2014).*Infant social cogniton:Psychological and sociomoral reasoning.*In M.S.Gazzaniga & G.R.Mangun(Eds.),The cognitive neurosciences.Cambridge,MA:MITPress.

3.Cowell,J.M. & Decety,J.(2015).*Precursors to morality in development as a complex interplay between neural,socioenvironmental,and behavioral facets.* Proceedings of the National Academy of Sciences,112(41),12657-12662.doi: 10.1073/pnas.1508832112

4.Dahl,A.(2014).*Definitions and developmental processes in research on infant morality.*Human Development.57(4),241-249.doi:10.1159/000364919

5.Haidt,J.,Graham,J.,& Joseph,C.(2009).*Above and below left-right: Ideological narratives and moral foundations.*Psychological Inquiry,20(2-3),110-119.doi: 10.1080/10478400903028573

6.Haidt,J., & Joseph,C.(2008).*The moral mind: How five sets of innate intuitions guide the development of many culture-specific virtues,and perhaps even modules.*In P.Carruthers,S.Laurence,& S.Stich(Eds.),The innate mind,volume 3: Foundations and the future(pp.367-391).Oxford:Oxford University Press.doi: 10.1093/acprof:oso/9780195332834.003.0019

7.Hamlin,J.K.(2013).*Moral judgement and action in preverbal infants and toddlers: Evidence for an innate moral core.*Current Directions in Psychological Science,22(3),186-193.doi 10.1177/0963721412470687

8.Hamlin,J.K.,& Wynn,K.(2011).*Five- and 9- month-old infants prefer prosocial to antisocial others.*Cognitive Development,26(1),30-39.doi: 10.1016/j.cogdev.2010.09.001.

9.Hamlin,J.K.,Wynn,K.,& Bloom,P.(2007).Social evaluation by preverbal infants.Nature,450(7169),557-559.doi: 10.1038/nature06288

10.Hamlin,J.K.,Wynn,K.,& Bloom,P.(2010).*Three-month-olds show a negativity bias in their social evaluations.*Developmental Science,13(6),923-929. doi: 10.1111/j.1467-7687.2010.00951.x

11.Hamlin,J.K.,Wynn,K., & Bloom,P.(2012).*The case for social evaluation in infants.* Plos One.Online commentary: https://journals.plos.org/plosone/article/comment?id=10.1371/annotation/218777b8-af96-4d39-a01e-eae3142a6c23

12.Hinten,A.E.,Labuschagne,L.G.,Boden,H.,& Scarf,D.(2018).*Preschool children and young adults'preferences and expectations for helpers and hinderers.* Infant and Child Development,27(4),e2093.doi:10.1002/icd.2093

13.Holvoet,C.,Scola,C., Arciszewski,T., & Picard,D.(2016).*Infants' preference for prosocial behaviors: A literature review.*Infant Behavior and Development,45,125-139.doi:10.1016/j.infbeh.2016.10.008

14.Kant,I.(1785).*Grundlegung zur Metaphysik der Sitten.*Riga:J.F.Hartknoch.

15.Katz,L.D.(2000).*Evolutionary origins of morality:Cross disciplinary perspectives.*Exeter,UK:ImprintAcademic.doi: 10.1017/CBO9781107415324.004

16.Kohlberg,L.(1981).*The philosophy of moral development: Moral stages and the idea of justice(Essays on moral development,volume 1).*San Fransisco,US:Harper& Row.

17.May,J.(2018).*Regard for reason in the moral mind.*Oxford: Oxford University Press. doi: 10.1093/oso/9780198811572.001.0001

18.Mikhail,J.(2007).*Universal moral grammar:Theory,evidence and the future.*Trends in Cognitive Sciences,11(4),143-152.doi: 10.1016/j.tics.2006.12.007

19.Nighbor,T.,Kohn,C.,Normand,M.,& Schlinger,H.(2017). *Stability of inon single-choice paradigms.* PLoS ONE,12(6),e0178818.doi: 10.1371/journal.pone.0178818

20.Nunnery-Winkler,G.,& Paulus,M.(2018).Prosoziale und moralische Entwicklung.In W.Schneider & U.Lindenberger(Eds.),*Entwicklungspsychologie*(S.537-557).Weinhei: Beltz.

21.Salvadori,E.,Blazsekova,T.,Volein,A.,Karap,Z.,Tatone,D.,Mascaro,O.,& Csibra,G.(2015).*Probing the strength of infants' preference for helpers over hinderers: Two replication attempts of Hamlin and Wynn(2011).*PloS One,10(11),e0140570.doi:10.1371/journal.pone.0140570

22.Scarf,D.,Imuta,K.,Colombo,M.,& Hayne,H.(2012).*Social evaluation or simple association? Simple associations may explain moral reasoning in infants.* PLoS ONE,7(8),e42698.doi:10.1371/journal.pone.0042698

23.Scheler,M.(1928).*Die Stellung des Menschen im Kosmos.*Bonn:Bouvier.

24.Scott,R.M.,& Baillargeon,R.(2014).*How fresh a look? A reply to Heyes.* Developmental Science,17(5),660-664.doi:10.1111/desc.12173

25.Van de Vondervoort,J.W.,& Hamlin,J.K.(2017).*Preschoolers' social and moral judgments of third-party helpers and hinderers align with infants' social evaluations.*Journal of Experimental Child Psychology,164,136-151.doi: 10.1016/j.jecp.2017.07.004

第 13 章

参考文献

Rowe, M. L., & Goldin-Meadow, S. (2009). *Differences in early gesture explain SES disparities in child vocabulary size at school entry*. Science, 323, 951-953.

扩展阅读

1.Bates,E.,Benigni,L., Bretherton,I., Camaioni,L., & Volterra,V.(1979). *The emergence of symbols: Cognition and communication in infancy*. New York, NY,US: Academic.

2.Colonnesi,C.,Stams,G.J.J.M.,Koster,I.,& Noom,M.J.(2010). *The relation between pointing and language development: A meta-analysis*. Developmental Review, 30(4), 352-366. doi:10.1016/j.dr.2010.10.001

3.Ger,E., Altinok,N., Liszkowski,U.,& Küntay, A.C.(2018) . *Development of infant pointing from 10 to 12 months: The role of relevant caregiver responsiveness*. Infancy, 23(5), 708-729.doi: 10.1109/ infa.12239

4.Hart,B.,& Risley,T.R.(1995). *Meaningful differences in the everyday experience of young American children*. Baltimore, MD,US:Paul H.Brookes Publishing.

5.Hoff,E.(2006). *How social contexts support and shape language development*. Developmental Review, 26(1),55-88.doi: 10.1109/TAP. 2010. 2055811

6.Huttenlocher,J., Waterfall,H., Vasilyeva,M., Vevea,J.,& Hedges,L. V.(2010). *Sources of variability in children's language growth.*Cognitive Psychology,61(4),343-365.doi: 10.1016/ j.cogpsych.2010.08.002

7.Kastner,J.W.,May,W.,& Hildman,L.(2001). *Relationship between language skills and academic achievement in first grade*. Perceptual and Motor Skills,92(2), 381-390.doi: 10.2466/
pms.2001.92.2.381

8.Liszkowski,U.(2015).*Vorsprachliche Kommunikation und sozial-kognitive Voraussetzungen des Spracherwerbs.*In S. Sachse (Ed.) ,Handbuch Spracherwerb und Sprachentwicklungsstörungen. Kleinkindphase. München: Elsevier.

9.Rowe,M.L., & Goldin-Meadow,S.(2009). *Differences in early gesture explain SES disparities in child vocabulary size at school entry.* Science,323(5916),951-953.doi: 10.1126 /science. 1167025

10.Rowe,M.L.,Özcaliskan,S.,& Goldin-Meadow,s.(2008). *Learning words by hand: Gesture's role in prediction vocabulary development.* First Language, 28(2), 182-199. doi: 10.1177 / 0142723707088310

11.Sigman,M.,Ungerer,J.,& Sherman,T.(1986).*Defining the social deficits of autism: The contribution of non-verbal communication measures.* Journal of Child Psychology and Psychiatry, 27(5),657-669.doi: 10.1111/j.1469-7610.1986. tb00190.x

12.Sodian,B.,& Kristen-Antonow,S.(2015). *Declarative joint attention as a foundation of theory of mind.* Developmental Psychology, 51(9),1190-1200. doi:10.1037/dev0000039

13.Tamis-LeMonda,C.S. ,Bornstein,M.H.,& Baumwell,L.(2001). *Maternal responsiveness and children's achievement of language milestones.* Child Development,72(3), 748-767.doi: 10.1111 /1467-8624.00313

14.Tomasello,M.(2011).*Die Ursprünge der menschlichen Kommunikation.* Frankfurt am Main: Suhrkamp.

北京阅想时代文化发展有限责任公司为中国人民大学出版社有限公司下属的商业新知事业部，致力于经管类优秀出版物（外版书为主）的策划及出版，主要涉及经济管理、金融、投资理财、心理学、成功励志、生活等出版领域，下设"阅想·商业""阅想·财富""阅想·新知""阅想·心理""阅想·生活"以及"阅想·人文"等多条产品线，致力于为国内商业人士提供涵盖先进、前沿的管理理念和思想的专业类图书和趋势类图书，同时也为满足商业人士的内心诉求，打造一系列提倡心理和生活健康的心理学图书和生活管理类图书。

《人性实验：改变社会心理学的 28 项研究》

- 人性真的经得起实验和检验吗？
- 一本洞察人性、反思自我、思考社会现象的醍醐灌顶之作。
- 影响和改变了无数人的行为和社会认知的 28 项社会心理学经典研究。

《冲突的演化：那些心理学研究无法摆平的心理冲突》

- 另类视角分析近代心理学经典研究的明暗显晦。
- 探究各种冲突是如何在人类内心的黑箱中操作并影响人类行为的。
- 实用心理学主编、蘑菇心理联合创始人吴冕，心理咨询师孵化平台、心理学普及平台糖心理推荐。

《原生家庭：影响人一生的心理动力》

- 全面解析原生家庭的种种问题及其背后的成因，帮助读者学到更多"与自己和解"的智慧。
- 让我们自己和下一代能够拥有一个更加完美幸福的人生。
- 清华大学学生心理发展指导中心副主任刘丹、中国心理卫生协会家庭治疗学组组长陈向一、中国心理卫生协会精神分析专业委员会副主任委员曾奇峰、上海市精神卫生中心临床心理科主任医师陈珏联袂推荐。

《非暴力亲子沟通》

- 一本教你如何与孩子好好说话、和谐共处的自助书。
- 随书附赠《非暴力亲子沟通八周训练手册》。

《亲子关系游戏治疗：10单元循证亲子治疗模式（第2版）》

- 基于30年实证研究的游戏治疗权威指南，惠及千万家庭；缓解亲子关系压力、冲突及焦虑，有效提升孩子自尊与自信。随书配有培训手册、家长手册、实践手札。
- 作者作加里·L.兰德雷思博士和休·C.布拉顿博士是北美游戏治疗的领军级人物，创立了北得克萨斯州大学的游戏治疗中心。